国家基本职业培训包（指南包 课程包）

农艺工

人力资源社会保障部职业能力建设司编制

中国劳动社会保障出版社

图书在版编目（CIP）数据

农艺工 / 人力资源社会保障部职业能力建设司编制. -- 北京：中国劳动社会保障出版社，2021

（国家基本职业培训包：指南包　课程包）

ISBN 978-7-5167-4915-9

Ⅰ. ①农⋯　Ⅱ. ①人⋯　Ⅲ. ①农业技术 – 职业培训 – 教学参考资料　Ⅳ. ①S

中国版本图书馆 CIP 数据核字（2021）第 136923 号

中国劳动社会保障出版社出版发行

（北京市惠新东街 1 号　邮政编码：100029）

*

三河市华骏印务包装有限公司印刷装订　新华书店经销

880 毫米 ×1230 毫米　16 开本　10.25 印张　181 千字

2021 年 7 月第 1 版　2023 年 8 月第 2 次印刷

定价：32.00 元

营销中心电话：400-606-6496

出版社网址：http://www.class.com.cn

版权专有　　侵权必究

如有印装差错，请与本社联系调换：(010) 81211666

我社将与版权执法机关配合，大力打击盗印、销售和使用盗版图书活动，敬请广大读者协助举报，经查实将给予举报者奖励。

举报电话：(010) 64954652

编 制 说 明

为全面贯彻落实习近平总书记对技能人才工作的重要指示精神，进一步增强职业技能培训针对性和有效性，不断提高培训质量，培养壮大创新型、应用型、技能型人才队伍，按照《人力资源社会保障部办公厅关于推进职业培训包工作的通知》（人社厅发〔2016〕162号）的工作安排，我部持续组织开发培训需求量大的国家基本职业培训包，指导开发地方（行业）特色职业培训包，力争全面建立国家基本职业培训包制度，普遍应用职业培训包高质量开展各类职业培训。

职业培训包开发工作是新时期职业培训领域的一项重要基础性工作，旨在形成以综合职业能力培养为核心、以技能水平评价为导向，实现职业培训全过程管理的职业技能培训体系，这对于进一步提高培训质量，加强职业培训规范化、科学化管理，促进职业培训与就业需求的有效衔接，推行终身职业培训制度具有积极的作用。

国家基本职业培训包由指南包、课程包和资源包三个子包构成，是集培养目标、培训要求、培训内容、课程规范、考核大纲、教学资源等为一体的职业培训资源总和，是职业培训机构对劳动者开展政府补贴职业培训服务的工作规范和指南。

国家基本职业培训包遵循《职业培训包开发技术规程（试行）》的要求，依据国家职业技能标准和企业岗位技术规范，结合新经济、新产业、新职业发

编制说明

展编制，力求客观反映现阶段本职业（工种）的技术水平、对从业人员的要求和职业培训教学规律。

《国家基本职业培训包（指南包　课程包）——农艺工》是在各有关专家的共同努力下完成的。参加编审的主要人员有牟洪香、侯新村、刘立明、王均豪、郭树、刘炳响、孙红春、崔建州、高小宽、张锦伟、王欢、丁浩、李鹏程、郭丹、贾美莲、张秀珍、刘军侠、郑素珊，在编制过程中得到了河北农业大学、中华全国工商联农业产业商会、北京市农林科学院、丝路培文职业教育咨询（北京）有限公司、培文兴农（北京）科技有限公司、北京造合科技有限公司、菏泽学院等有关单位的大力支持，在此一并致谢。

人力资源社会保障部职业能力建设司

国家基本职业培训包编审委员会

主　任　刘　康

副主任　张　斌　王晓君　袁　芳　葛　玮

委　员　田　丰　项声闻　尚　涛　葛恒双
　　　　蔡　兵　赵　欢　吕红文

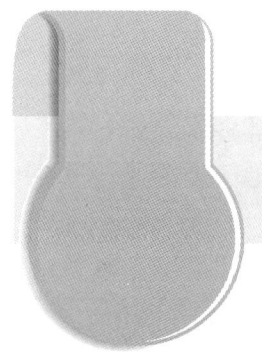

目 录

1 指 南 包

1.1 职业培训包使用指南 ········002
- 1.1.1 职业培训包结构与内容 ········002
- 1.1.2 培训课程体系介绍 ········003
- 1.1.3 培训课程选择指导 ········009
- 1.1.4 各类资源使用说明 ········010

1.2 职业指南 ········010
- 1.2.1 职业描述 ········010
- 1.2.2 职业培训对象 ········010
- 1.2.3 就业前景 ········010

1.3 培训机构设置指南 ········011
- 1.3.1 师资配备要求 ········011
- 1.3.2 培训场所设备配置要求 ········011
- 1.3.3 教学资料配备要求 ········015
- 1.3.4 管理人员配备要求 ········015
- 1.3.5 管理制度要求 ········016

2 课 程 包

2.1 培训要求 ········018
- 2.1.1 职业基本素质培训要求 ········018
- 2.1.2 五级/初级职业技能培训要求 ········019

目录

2.1.3 四级/中级职业技能培训要求	022
2.1.4 三级/高级职业技能培训要求	024
2.1.5 二级/技师职业技能培训要求	025
2.1.6 一级/高级技师职业技能培训要求	026
2.2 课程规范	**028**
2.2.1 职业基本素质培训课程规范	028
2.2.2 五级/初级职业技能培训课程规范	038
2.2.3 四级/中级职业技能培训课程规范	045
2.2.4 三级/高级职业技能培训课程规范	056
2.2.5 二级/技师职业技能培训课程规范	064
2.2.6 一级/高级技师职业技能培训课程规范	075
2.2.7 培训建议中培训方法说明	082
2.3 考核规范	**083**
2.3.1 职业基本素质培训考核规范	083
2.3.2 五级/初级职业技能培训理论知识考核规范	084
2.3.3 五级/初级职业技能培训操作技能考核规范	085
2.3.4 四级/中级职业技能培训理论知识考核规范	086
2.3.5 四级/中级职业技能培训操作技能考核规范	087
2.3.6 三级/高级职业技能培训理论知识考核规范	088
2.3.7 三级/高级职业技能培训操作技能考核规范	089
2.3.8 二级/技师职业技能培训理论知识考核规范	089
2.3.9 二级/技师职业技能培训操作技能考核规范	091
2.3.10 一级/高级技师职业技能培训理论知识考核规范	091
2.3.11 一级/高级技师职业技能培训操作技能考核规范	092

附录 培训要求与课程规范对照表

附录1 职业基本素质培训要求与课程规范对照表	094
附录2 五级/初级职业技能培训要求与课程规范对照表	103
附录3 四级/中级职业技能培训要求与课程规范对照表	111
附录4 三级/高级职业技能培训要求与课程规范对照表	124
附录5 二级/技师职业技能培训要求与课程规范对照表	134
附录6 一级/高级技师职业技能培训要求与课程规范对照表	146

1
指南包

1.1 职业培训包使用指南

1.1.1 职业培训包结构与内容

农艺工职业培训包由指南包、课程包和资源包三个子包构成，结构如图1所示。

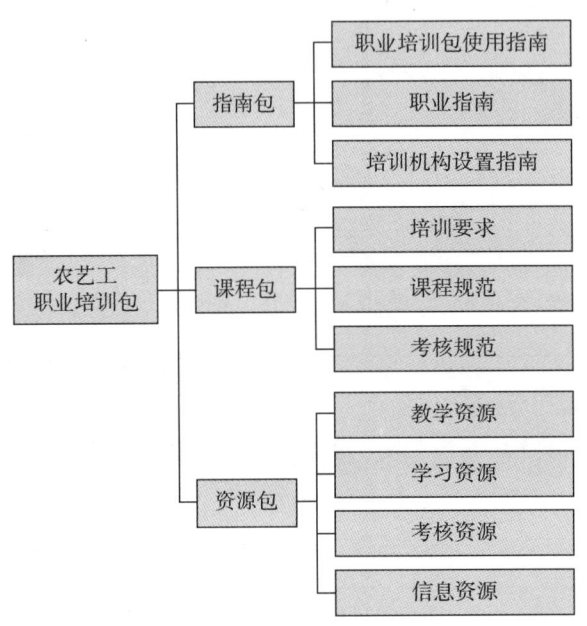

图1　职业培训包结构图

指南包是指导培训机构、培训教师与学员开展职业培训的服务性内容总合，包括职业培训包使用指南、职业指南和培训机构设置指南。职业培训包使用指南是培训教师与学员了解本职业培训包内容、选择培训课程、使用培训资源的说明性文本；职业指南是对职业信息的概述；培训机构设置指南是对培训机构开展职业培训提出的具体要求。

课程包是培训机构与教师实施职业培训、培训学员接受职业培训必须遵守的规范总合，包括培训要求、课程规范和考核规范。培训要求是参照国家职业技能标准、结合职业岗位工作实际需求制定的职业培训规范；课程规范是依据培训要求、结合职业培训教学规律，对课程设置、课堂学时、课程内容与培训方法等所做的统一规定；考核规范是针对课程规范中所规定的课程内容开发的，能科学评价培训学员过程性学习效果与终结性培训成果的规则，是客观衡量培训学员职业基本素质与职业技能水平的标准，也是实施职业培训过程性与终结性考核的依据。

资源包是依据课程包要求，基于培训学员特征，遵循职业培训教学规律，应用先进职业培训课程理念，开发的多媒介、多形式的职业培训与考核资源总合，包括教学资源、学习资源、考核资源和信息资源。教学资源是为培训教师组织实施职业培训教学活动提供的相关资源；学习资源是为培训学员学习职业培训课程提供的相关资源；考核资源是为培训机构和教师实施职业培训考核提供的相关资源；信息资源是为培训教师和学员拓宽视野提供的体现科技进步、职业发展的相关动态资源。

1.1.2　培训课程体系介绍

农艺工职业培训课程体系依据职业技能等级分为职业基本素质培训课程、五级/初级职业技能培训课程、四级/中级职业技能培训课程、三级/高级职业技能培训课程、二级/技师职业技能培训课程和一级/高级技师职业技能培训课程，每一类课程包含模块、课程和学习单元三个层级。农艺工职业培训课程体系均源自本职业培训包课程包中的课程规范，以学习单元为基础，形成职业层次清晰、内容丰富的"培训课程超市"。

农艺工职业培训课程学时分配一览表

职业技能等级	课堂学时		其他学时	培训总学时
	职业基本素质培训课程	职业技能培训课程		
五级/初级	33	62	145	240
四级/中级	20	88	72	180
三级/高级	10	73	37	120
二级/技师	5	75	40	120
一级/高级技师	0	55	45	100

注：课堂学时是指培训机构开展的理论课程教学及实操课程教学的建议最低学时数。除课堂学时外，培训总学时还应包括岗位实习、现场观摩、自学自练等其他学时。

（1）职业基本素质培训课程

模块	课程	学习单元	课堂学时
1. 职业道德	1-1　职业认知	职业认知、道德与守则	1
	1-2　职业道德基本认知		
	1-3　职业守则		
2. 农业专业知识	2-1　土壤和肥料基础知识	（1）土壤基础知识	1
		（2）作物与营养	2
		（3）施肥技术	2

续表

模块	课程	学习单元	课堂学时
2. 农业专业知识	2-2 农业气象知识	（1）光照对农业生产的影响	1
		（2）温度对农业生产的影响	1
		（3）水分对农业生产的影响	1
		（4）空气对农业生产的影响	1
		（5）农业技术措施的小气候效应	1
	2-3 作物栽培知识	（1）播前准备技术	1
		（2）播种技术	2
		（3）田间管理技术	2
		（4）产品收获管理技术	1
	2-4 植物保护知识	（1）有害生物及其防治策略	1
		（2）植物病害与防治	1
		（3）植物虫害与防治	1
		（4）植物草害的防治以及专家系统的应用	1
	2-5 收获和储藏基础知识	产品的收获、处理与储藏	1
	2-6 农田灌溉知识	合理灌溉及排水技术	2
	2-7 农业机械基础知识	农业机械概述及类型特性	1
	2-8 农业环境与保护基础知识	农业环境污染及其防治	1
3. 农业安全知识	3-1 农业机械、器具安全使用知识	农业机械、器具安全使用与维护保养	1
	3-2 安全使用肥料知识	安全使用肥料	1
	3-3 安全用电知识	安全用电技术	1
	3-4 安全使用农药知识	农药的安全使用	2
	3-5 农产品质量安全知识	农产品质量安全	1
4. 相关法律、法规知识	相关法律、法规知识	相关法律、法规知识	1
课堂学时合计			33

注：本表所列为五级/初级职业基本素质培训课程，其他等级职业基本素质培训课程按"农艺工职业培训课程学时分配一览表"中相应的课堂学时要求进行必要的调整。

(2) 五级/初级职业技能培训课程

模块	课程	学习单元	课堂学时
1. 播前准备	1-1 土地准备	(1) 土壤耕作及播前灌溉	4
		(2) 轮作倒茬与基肥的施用	2
	1-2 农资准备	(1) 肥料的选择与储藏	2
		(2) 种子知识	4
		(3) 农药的选择与准备	4
	1-3 育苗	(1) 育苗场地与育苗设施、设备的选择	2
		(2) 育苗基质、设施消毒	1
		(3) 苗床的准备	1
		(4) 基质和营养液的配制	2
		(5) 种子处理与播种技术	2
		(6) 幼苗管理	2
2. 播种	2-1 整地	(1) 土壤结构	2
		(2) 整地方法	2
		(3) 灌溉与排水技术	2
		(4) 除草剂的喷施	2
	2-2 直播	播种方式和方法	2
	2-3 移栽	苗木移栽技术	2
3. 田间管理	3-1 耕作管理	中耕、除草、起垄培土及作业质量检查	2
	3-2 肥水管理	肥水管理	2
	3-3 植株管理	(1) 间苗、定苗、补苗、整枝	2
		(2) 植物生长调节剂施用	2
	3-4 病虫草鼠害防治	(1) 农药的保管与药械的使用与清洗	2
		(2) 农药防治病虫草鼠害	6
4. 收获管理	4-1 收获	作物成熟、收获及田间清理	2
	4-2 整理	产品的整理与包装	2
	4-3 储藏	产品储藏及仓库病虫鼠害的防治	4
课堂学时合计			62

（3）四级／中级职业技能培训课程

模块	课程	学习单元	课堂学时
1．播前准备	1-1 土地准备	（1）基肥的选择与施用	2
		（2）合理灌溉技术	1
		（3）除草剂的选配和使用	1
	1-2 农资准备	（1）施肥技术	3
		（2）常用肥料外观质量鉴定	1
		（3）种子知识	2
		（4）作物品种的选择	1
		（5）农药基础知识	1
		（6）农药质量鉴别	1
	1-3 育苗	（1）苗床的整修与育苗设施的维护	1
		（2）作物与营养	4
		（3）育苗基质的配制与消毒	4
		（4）育苗面积的确定	2
		（5）种子的清选与处理	1
		（6）幼苗的管理及苗期技术调查	3
2．播种	2-1 整地	（1）土壤耕作及农机具的选择与使用	2
		（2）排水沟、灌水沟的布局	1
	2-2 直播	播种技术	2
	2-3 移栽	苗木的移栽及作业质量检查	3
3．田间管理	3-1 耕作管理	作业质量检查	2
	3-2 肥水管理	（1）作物生育时期与主要作物需肥特性	2
		（2）施肥技术	4
		（3）合理灌溉技术	6
		（4）土壤样品的采集	1
	3-3 植株管理	（1）合理密植	2
		（2）作物的营养生长、生殖生长以及器官生长的相关性	4
		（3）植物生长调节剂的选择与使用	2
	3-4 病虫草鼠害防治	（1）病害防治	5
		（2）虫害、鼠害防治	5
		（3）草害防治	4
		（4）农药的使用与药械维护	6

续表

模块	课程	学习单元	课堂学时
4. 收获管理	4-1 收获	（1）产品的收获及品质鉴定	4
		（2）秸秆还田技术	2
	4-2 整理	产品的处理和检测	1
	4-3 储藏	产品的储藏管理	2
课堂学时合计			88

（4）三级/高级职业技能培训课程

模块	课程	学习单元	课堂学时
1. 育苗	1-1 苗情诊断	（1）作物主要病害的诊断及防治	6
		（2）作物主要虫害的诊断及防治	6
		（3）作物苗情诊断技术	6
	1-2 幼苗管理	影响作物生长的环境因素及环境调控措施	4
2. 田间管理	2-1 肥水管理	（1）作物的营养诊断及作物常见营养失调症状	6
		（2）常用肥料的质量鉴定	2
		（3）作物需水与灌溉	4
	2-2 植株管理	（1）常见作物的植株管理	6
		（2）作物生长发育调控技术	6
	2-3 病虫草鼠害防治	（1）病虫草鼠害的调查与统计	2
		（2）常用剂型农药的配制	2
		（3）农药安全使用	2
		（4）农药中毒及救护	2
3. 收获管理	3-1 收获	（1）作物成熟期鉴定和产量估算	1
		（2）残茬处理及茬口安排	4
	3-2 储藏	（1）产品储藏	4
		（2）仓库病虫鼠害的防治	4
4. 技术指导	4-1 拟订生产计划	（1）耕作制度	2
		（2）年度种植计划的拟订	2
	4-2 技术示范	作物栽培管理及生产技术操作示范	2
课堂学时合计			73

(5) 二级/技师职业技能培训课程

模块	课程	学习单元	课堂学时
1. 育苗	1-1 苗情诊断	苗期常见病虫害的识别与综合防治	4
	1-2 幼苗管理	(1) 幼苗管理技术	1
		(2) 苗期管理	3
2. 田间管理	2-1 肥水管理	(1) 作物营养学基础	6
		(2) 土壤肥料及灌溉	2
		(3) 作物各生育时期的看苗诊断和肥水管理	2
		(4) 作物节水灌溉技术与抗旱栽培技术	2
		(5) 土壤基础知识	2
		(6) 施肥方案的制订	2
	2-2 植株管理	作物生长发育基本特性及调控技术	4
	2-3 病虫草鼠害防治	(1) 常见作物病虫害发生规律与特征	2
		(2) 常见作物杂草和鼠害发生规律与特征	2
		(3) 病虫草鼠害的调查与统计	1
3. 技术管理	3-1 编制生产计划	(1) 作物生态学基本过程及轮作	5
		(2) 生态因素及作物的生态适应性	2
		(3) 农业生产和气象因素的关系及土壤类型和分布	2
		(4) 农业经营管理理论与实践	3
		(5) 农业生产计划的制订及物资准备	2
	3-2 技术评估	农业技术评估方法及综合评价方法	2
	3-3 信息管理	计算机应用、网络基础及农业信息管理	2
	3-4 技术开发与总结	(1) 田间试验设计与生物统计	4
		(2) 试验方案的制订与实施	2
		(3) 成果示范与方法示范	2
		(4) 作物繁育技术	10
		(5) 农业实用技术推广及应用文写作	2
4. 培训指导	4-1 技术培训	初级工、中级工、高级工培训计划与培训材料准备	2
	4-2 技术示范	农业生产技术示范基地管理及生产技术指导	2
		课堂学时合计	75

(6) 一级/高级技师职业技能培训课程

模块	课程	学习单元	课堂学时
1. 田间管理	1-1 肥水管理	(1) 植物细胞与生物大分子基础知识	4
		(2) 作物代谢的生理生化	8
		(3) 作物发育的生理生化	4
		(4) 测土配方施肥	4
		(5) 作物需水规律以及与环境的关系	2
	1-2 病虫草鼠害防治	作物病虫草鼠害预测预报及综合防治	2
	1-3 中低产田改良	(1) 土壤化验与分析	2
		(2) 土壤改良方法	2
	1-4 自然灾害补救	(1) 常见自然灾害及其预防技术	3
		(2) 灾害性天气及其补救措施	2
2. 技术管理	2-1 编制生产计划	(1) 农产品市场前景预测及作物种植结构	2
		(2) 农产品质量安全	4
		(3) 优势农产品布局及农产品质量安全标准	2
	2-2 技术开发与总结	(1) 作物试验研究	2
		(2) 作物品种提纯复壮与作物杂交制种	2
		(3) 常见学术论文撰写方法	2
3. 培训指导	3-1 技术培训	(1) 高级工和技师培训计划的编制与培训方法	2
		(2) 高级工和技师培训资料、实验用材的准备	2
	3-2 技术指导	作物生产实验及实训示范方法	4
课堂学时合计			55

1.1.3 培训课程选择指导

职业基本素质培训课程为必修课程，相当于本职业的入门课程。各级别职业技能培训课程由培训机构教师根据培训学员实际情况，遵循高级别涵盖低级别的原则进行选择。原则上，初入职的培训学员应学习职业基本素质培训课程和五级/初级职业技能培训课程的全部内容，有职业技能等级提升需求的培训学员，可按照国家职业技能标准的"鉴定要求",对照自身需求选择更高等级的培训课程。

具有一定从业经验、无职业技能等级提升需求的培训学员,可根据自身实际情况自主选择本职业培训课程体系。具体方法为:(1)选择课程模块;(2)在模块中筛选课程;(3)在课程中筛选学习单元;(4)组合成本次培训的整个课程。

培训教师可以根据以上方法对培训学员进行单独指导。对于订单培训,培训教师可以按照如上方法,对照订单要求进行培训课程的选择。

1.1.4 各类资源使用说明

(待各类资源开发完成后补充。)

1.2 职业指南

1.2.1 职业描述

农艺工是从事粮、棉、油、糖等大田作物的农田耕整、土壤改良、作物栽种、田间管理、收获储藏等农业生产活动的人员。

1.2.2 职业培训对象

农艺工职业培训的主要对象包括城乡未继续升学的应届初高中毕业生、农村转移就业劳动者、城镇登记失业人员、转岗转业人员、退役军人、企业在职职工、高校毕业生等各类有培训需求的人员。

1.2.3 就业前景

农艺工可就职于育苗、栽培管理、储藏与加工、市场营销等工作岗位,也可受聘于各级农业生产和技术推广部门及农产品加工企业,还可以围绕种植业开办民营性质的农业经营服务公司等,就业前景广阔。

1.3 培训机构设置指南

1.3.1 师资配备要求

（1）培训教师任职基本条件

培训五级/初级、四级/中级农艺工的教师应具有本职业二级/技师及以上职业技能等级证书，或本专业中级及以上专业技术职务任职资格；培训三级/高级、二级/技师农艺工的教师应具有本职业一级/高级技师职业技能等级证书，或本专业高级及以上专业技术职务任职资格；培训一级/高级技师农艺工的教师应具有本职业一级/高级技师职业技能等级证书两年以上，或本专业高级及以上专业技术职务任职资格。

（2）培训教师数量要求（以20人培训班为基准）

1）五级/初级、四级/中级、三级/高级农艺工培训班教师数量要求：每班配备专兼职教师2~3人。其中专业理论教师不少于1人，实习指导教师不少于1人。培训规模超过20人的，按教师与学员之比不低于1:20分别配备专业理论教师和实习指导教师。

2）二级/技师、一级/高级技师农艺工培训班教师数量要求：每班配备专兼职教师3~4人。其中专业理论教师不少于1人，实习指导教师不少于2人。培训规模超过20人的，按教师与学员之比不低于1:20配备专业理论教师，按教师与学员之比不低于1:10配备实习指导教师。

1.3.2 培训场所设备配置要求

理论知识培训场所应具有可容纳20名以上学员的标准教室，并配备投影仪、电视机及播放设备。操作技能培训场所应具有相关的场地、仪器设备及教学用具。

（1）理论知识培训场所设备配置要求：40平方米以上标准教室，多媒体教学设备（计算机、投影仪、幕布或显示屏、网络接入设备、音响设备），黑（白）板，20套以上桌椅，符合照明、通风、安全等相关规定。

（2）操作技能培训场所设备配置要求：实习工位充足，设备、设施配套齐全，符合环保、劳保、安全、卫生、消防、通风、照明等相关规定。培训场所应具备教师演示和学员练习两个功能，包括仓储区、生产资料准备区、演示场地、训练场地等功能区。

实训设备、用具及其他物品、材料等配置要求如下:

序号	设备、用具及其他物品、材料	数量或规格说明	等级 五级/初级	四级/中级	三级/高级	二级/技师	一级/高级技师
1	拖拉机	1~3台	√	√			
2	铧式犁	10~15台	√	√			
3	旋耕机	3~5台	√	√			
4	圆盘耙	3~5台	√	√			
5	水田耙	3~5台	√	√			
6	钉齿耙(机械)	3~5台	√	√			
7	镇压器	3~5台	√	√			
8	旱作中耕机	3~5台	√	√			
9	水稻中耕机	3~5台	√	√			
10	播种机	3~5台	√	√			
11	开沟机	3~5台	√	√			
12	栽种机	3~5台	√	√			
13	水稻插秧机	3~5台	√	√			
14	水稻抛秧机	3~5台	√	√			
15	地膜覆盖机	3~5台	√	√			
16	水泵	3~5台	√	√	√		
17	喷灌设备	2~3套	√	√	√		
18	滴灌设备	2~3套	√	√	√		
19	谷物联合收获机	1台	√	√			
20	采棉机	1台	√	√			
21	喷雾器	20~30个	√	√			
22	钉齿耙(小型)	20~30个	√	√			
23	锄头	20~30个	√	√			
24	镢头	20~30个	√	√			
25	镰刀	20~30个	√	√			
26	扦样器	20~30个		√			
27	烘箱	2~3台		√			
28	温箱	2~3台	√	√			
29	电子天平	15台	√	√			

续表

序号	设备、用具及其他物品、材料	数量或规格说明	等级				
			五级/初级	四级/中级	三级/高级	二级/技师	一级/高级技师
30	检样器	20～30个		✓			
31	分样器	20～30个		✓			
32	称量瓶	30～40个		✓			
33	干燥器	10个		✓			
34	发芽皿	若干		✓			
35	滤纸	若干		✓			
36	纱布	若干		✓			
37	瓷盘	20～30个		✓			
38	小匙	若干		✓			
39	刀片	若干		✓			
40	镊子	若干		✓			
41	粉碎机	5个		✓			
42	直尺	若干	✓	✓	✓		
43	标签	若干	✓	✓			
44	温度计	若干	✓	✓			
45	烧杯	若干	✓	✓			
46	放大镜	20～30把	✓	✓			
47	筛子	若干	✓	✓	✓		
48	水桶	20～30个	✓	✓	✓		
49	簸箕	20～30个	✓	✓			
50	铁丝筐或竹筐	若干	✓	✓	✓		
51	量筒	若干	✓	✓	✓		
52	大缸	5个		✓			
53	大台秤	5个		✓	✓		
54	锅灶	5个		✓			
55	钟表	10个		✓			
56	砂锅	20～30个		✓			
57	电磁炉	10～15个		✓			
58	陶瓷缸	20～30个		✓			
59	玻璃棒	若干		✓			

续表

序号	设备、用具及其他物品、材料	数量或规格说明	等级				
			五级/初级	四级/中级	三级/高级	二级/技师	一级/高级技师
60	测绳	20~30 条		√			
61	开沟锄	20~30 把	√	√			
62	皮卷尺	20~30 把	√	√			
63	耙子	20~30 把	√	√			
64	铁锹	20~30 把	√	√			
65	点播器	20~30 把	√	√			
66	播种器	20~30 把	√	√			
67	简塑钵盘	若干	√	√			
68	工具刀	20~30 把	√	√			
69	划线绳	若干	√	√			
70	解剖刀	20~30 个	√	√			
71	打钵器	20~30 个		√			
72	显微镜	5~10 台		√			
73	计算器	20~30 个		√	√		
74	游标卡尺	20~30 个		√	√		
75	水分速测仪	5 台		√			
76	移液管	若干		√			
77	洗耳球	若干		√			
78	移液枪	20~30 把		√			
79	土钻	10~15 套		√			
80	自封袋	若干		√			
81	铝盒	若干	√	√			
82	网筛	若干	√	√	√		
83	纸袋	若干	√	√	√		
84	杆秤	10~15 个	√	√	√		
85	小轧花机	3~5 台	√	√			
86	计数器	若干	√	√			
87	梳绒板	若干	√	√			
88	梳子	若干	√	√			
89	毛刷	若干	√	√			

续表

序号	设备、用具及其他物品、材料	数量或规格说明	等级				
			五级/初级	四级/中级	三级/高级	二级/技师	一级/高级技师
90	记号笔	若干	√	√	√	√	√
91	记录本	若干	√	√	√	√	√
92	木板	20~30 块	√	√			
93	塑料薄膜	若干	√	√			
94	钢卷尺	20~30 个	√	√	√		
95	剪刀	20~30 个	√	√			
96	菜刀	20~30 个	√	√			
97	标识牌	若干	√	√			
98	铅笔	若干	√	√	√	√	√
99	文献资料查阅平台	1 个				√	√
100	电脑	20~30 台				√	√

1.3.3 教学资料配备要求

（1）培训规范：《农艺工国家职业技能标准》《农艺工职业基本素质培训要求》《农业工职业技能培训要求》《农艺工职业基本素质培训课程规范》《农艺工职业技能培训课程规范》《农艺工职业基本素质培训考核规范》《农艺工职业技能培训理论知识考核规范》《农艺工职业技能培训操作技能考核规范》。

（2）教学资源、教材教辅、网络资源等内容必须符合"（1）培训规范"。

1.3.4 管理人员配备要求

（1）专职校长：1 人，应具备大专及以上文化程度、中级及以上专业技术职务任职资格，从事职业技术教育及教学管理 5 年以上，熟悉职业培训的有关法律、法规。

（2）教学管理人员：1 人以上，专职不少于 1 人，应具有大专及以上文化程度、中级及以上专业技术职务任职资格，从事职业技术教育及教学管理 5 年以上，具有丰富的教学管理经验。

（3）办公室人员：1 人以上，应具有大专及以上文化程度。

（4）财务管理人员：2 人，应具有大专及以上文化程度。

1.3.5　管理制度要求

应建立完备的管理制度,包括办学章程与发展规划、教学管理、教师管理、学员管理、财务管理、培训场所与设备管理等制度。

2 课程包

2.1 培训要求

2.1.1 职业基本素质培训要求

职业基本素质模块	培训内容	培训细目
1. 职业道德	1-1 职业认知	(1) 农艺工简介 (2) 农艺工工作内容
	1-2 职业道德基本认知	(1) 道德修养 (2) 职业道德修养 (3) 农艺工职业道德规范
	1-3 职业守则	农艺工职业守则
2. 农业专业知识	2-1 土壤和肥料基础知识	(1) 土壤和土壤耕作技术 (2) 土壤性质及其对作物的影响 (3) 作物与营养 (4) 施肥基础知识
	2-2 农业气象知识	(1) 光照与农业生产 (2) 温度与农业生产 (3) 水分与农业生产 (4) 空气与农业生产 (5) 农业技术措施的小气候效应
	2-3 作物栽培知识	(1) 播前准备 (2) 播种 (3) 田间管理 (4) 收获管理
	2-4 植物保护知识	(1) 有害生物的防治 (2) 植物病害的防治 (3) 植物虫害的防治 (4) 植物草害的防治 (5) 专家系统在植物病虫草害防治中的应用
	2-5 收获和储藏基础知识	(1) 产品收获 (2) 产品处理 (3) 产品储藏
	2-6 农田灌溉知识	(1) 作物对水分的需求 (2) 合理灌溉的指标 (3) 节水灌溉方法 (4) 排水技术

续表

职业基本素质模块	培训内容	培训细目
2. 农业专业知识	2-7 农业机械基础知识	（1）农业机械概况 （2）农业机械类型
	2-8 农业环境与保护基础知识	农业环境污染及其防治
3. 农业安全知识	3-1 农业机械、器具安全使用知识	（1）农机田间作业安全 （2）农机固定作业安全 （3）农机维护保养与安全隐患
	3-2 安全使用肥料知识	（1）允许使用和禁止使用的肥料种类 （2）合理施肥
	3-3 安全用电知识	（1）用电安全基础知识 （2）电气防火与防爆 （3）电工作业安全规范 （4）安全工具的使用
	3-4 安全使用农药知识	（1）正确选购农药 （2）妥善储存与保管农药 （3）安全合理使用农药
	3-5 农产品质量安全知识	（1）农产品质量安全的有关概念 （2）无公害农药安全使用常识 （3）农产品质量安全生产
4. 相关法律、法规知识	相关法律、法规知识	（1）《中华人民共和国农业法》相关知识 （2）《中华人民共和国农业技术推广法》相关知识 （3）《中华人民共和国劳动法》相关知识 （4）《中华人民共和国民法典》相关知识 （5）《中华人民共和国种子法》相关知识 （6）《中华人民共和国农产品质量安全法》相关知识 （7）《农药管理条例》相关知识

2.1.2 五级/初级职业技能培训要求

职业功能模块	培训内容	技能目标	培训细目
1. 播前准备	1-1 土地准备	1-1-1 能实施播前灌溉	（1）土壤耕作 （2）确定播前灌溉措施
		1-1-2 能确定耕翻时期和深度	确定轮作倒茬方法
		1-1-3 能按要求施用基肥	确定基肥施用方法

续表

职业功能模块	培训内容	技能目标	培训细目
1. 播前准备	1-2 农资准备	1-2-1 能按要求准备肥料，妥善保管	(1) 选择肥料种类 (2) 妥善保管肥料
		1-2-2 能按要求准备种子	(1) 鉴别种子 (2) 储藏种子
		1-2-3 能按要求准备农药	(1) 选择杀菌剂 (2) 选择除草剂 (3) 选择杀虫剂 (4) 选择植物生长调节剂
	1-3 育苗	1-3-1 能按要求准备育苗设施	(1) 选择育苗场地 (2) 选择育苗设施、设备
		1-3-2 能按指定的药剂进行育苗基质、设施消毒	(1) 使用指定药剂进行育苗基质消毒 (2) 使用指定药剂进行育苗设施、设备消毒
		1-3-3 能按指定的地点和面积准备苗床	(1) 计算苗床面积 (2) 准备苗床
		1-3-4 能按配方配制基质和营养液	(1) 按配方配制基质 (2) 按配方配制营养液
		1-3-5 能按要求直播或催芽播种	(1) 直播 (2) 催芽播种
		1-3-6 能按要求进行幼苗管理	按要求进行幼苗管理
2. 播种	2-1 整地	2-1-1 能按指定的时间、深度和墒情进行平整土地	按要求平整土地
		2-1-2 能按要求开排水沟、灌水沟，起垄作畦，铺设节水设备	(1) 开排水沟、灌水沟 (2) 铺设节水设备
		2-1-3 能按规定浓度使用除草剂	按要求使用除草剂
	2-2 直播	2-2-1 能按要求进行播种	按要求播种
		2-2-2 能按要求对种子覆土	按要求进行种子覆土
		2-2-3 能开沟或穴	开沟或穴
	2-3 移栽	2-3-1 能按指定的时间、深度、密度移栽	(1) 选择移栽时间 (2) 确定移栽深度 (3) 确定移栽密度
		2-3-2 能按要求浇移栽水	按要求浇移栽水

续表

职业功能模块	培训内容	技能目标	培训细目
3. 田间管理	3-1 耕作管理	3-1-1 能按要求保墒、中耕、松土、除草	(1) 保墒 (2) 中耕 (3) 松土 (4) 除草
		3-1-2 能根据不同作物的要求起垄培土	根据作物要求起垄培土
	3-2 肥水管理	3-2-1 能按配方适时追肥、补施微肥	(1) 根据不同作物需求进行追肥 (2) 根据作物生长发育补施微肥
		3-2-2 能按作物要求和灌溉方式进行灌溉	(1) 确定灌溉时期 (2) 根据作物需求选择灌溉方式
	3-3 植株管理	3-3-1 能按要求进行间苗、定苗	按要求间苗、定苗
		3-3-2 能按要求整枝	按要求整枝
		3-3-3 能按要求喷洒植物生长调节剂	按要求喷洒植物生长调节剂
	3-4 病虫草鼠害防治	3-4-1 能按要求保管农药，使用、清洗药械	(1) 安全保管农药 (2) 药械的使用与清洗
		3-4-2 能按防治方案使用农药防治病虫草鼠害	(1) 按防治方案使用农药防治病害 (2) 按防治方案使用农药防治虫害 (3) 按防治方案使用农药防治草害 (4) 按防治方案使用农药防治鼠害
4. 收获管理	4-1 收获	4-1-1 能按要求收获	(1) 判断作物成熟期 (2) 采用适当的作物收获方法
		4-1-2 能清理植株残体和杂物	(1) 清理残茬 (2) 清理杂物
	4-2 整理	4-2-1 能按质量标准整理产品	按质量标准整理产品
		4-2-2 能按要求包装产品	按要求包装产品
	4-3 储藏	4-3-1 能标准储藏产品	按标准储藏产品
		4-3-2 能按要求防治仓库病虫鼠害	(1) 按要求防治仓库病害 (2) 按要求防治仓库虫害 (3) 按要求防治仓库鼠害

2.1.3 四级／中级职业技能培训要求

职业功能模块	培训内容	技能目标	培训细目
1. 播前准备	1-1 土地准备	1-1-1 能根据作物种类确定基肥的种类和数量	(1) 选择基肥类型 (2) 计算基肥数量
		1-1-2 能根据土壤墒情进行播前灌溉	选择播前灌溉方法
		1-1-3 能选配和使用除草剂	(1) 选择除草剂类型 (2) 评价除草剂有效性
	1-2 农资准备	1-2-1 能根据不同作物种类和面积准备肥料	计算施肥量
		1-2-2 能辨别常用肥料的外观质量	辨别常用肥料外观质量
		1-2-3 能按要求选择作物品种、检查种子质量、处理种子	(1) 按要求选择作物品种 (2) 按要求检查种子质量 (3) 按要求处理种子
		1-2-4 能选择农药种类、辨别常用农药外观质量	(1) 正确选择农药种类 (2) 鉴别农药质量
	1-3 育苗	1-3-1 能按要求进行苗床整修，并维护设施	(1) 整修苗床 (2) 维护育苗设施
		1-3-2 能根据作物幼苗生长要求配制基质	(1) 确定作物的营养需求 (2) 配制基质
		1-3-3 能确定基质消毒剂	(1) 选择基质消毒剂 (2) 配制基质消毒剂
		1-3-4 能计算苗床面积	准确计算苗床面积
		1-3-5 能根据作物种子特性进行种子处理	处理种子
		1-3-6 能进行育苗期间的相应技术调查	调查苗木生长情况
		1-3-7 能培育出适龄壮苗	培育适龄壮苗
2. 播种	2-1 整地	2-1-1 能按作物和耕地状况平整土地	平整土地
		2-1-2 能按要求进行排水沟、灌水沟的布局	(1) 布设排水沟 (2) 布设灌水沟
	2-2 直播	2-2-1 能计算播种量	计算播种量
		2-2-2 能适时、适量、按适宜深度播种	(1) 适时播种 (2) 适量播种 (3) 确定播种深度

续表

职业功能模块	培训内容	技能目标	培训细目
2. 播种	2-3 移栽	2-3-1 能确定移栽方案	(1) 选择苗木移栽方法 (2) 管理移栽苗木
		2-3-2 能检查移栽质量	检查移栽苗木质量
3. 田间管理	3-1 耕作管理	能检查中耕、松土、保墒、除草及起垄培土的质量	检查耕作质量
	3-2 肥水管理	3-2-1 能按照作物生育时期，进行土壤施肥、随水施肥及叶面施肥	(1) 划分作物生育时期 (2) 确定主要作物需肥敏感期 (3) 土壤施肥、随水施肥及叶面施肥
		3-2-2 能按作物生长状况、土壤墒情确定灌溉时期	(1) 分析作物需水规律 (2) 确定合理灌溉时期 (3) 选择合理灌溉方法
		3-2-3 能按照要求采集土壤样品	采集土壤样品
	3-3 植株管理	3-3-1 能制订间苗、定苗的具体方案	(1) 制订间苗方案 (2) 制订定苗方案
		3-3-2 能制订作物整枝的具体方案	制订作物整枝具体方案
		3-3-3 能确定植物生长调节剂使用时期、种类、剂量	(1) 选择植物生长调节剂类型 (2) 正确使用植物生长调节剂
	3-4 病虫草鼠害防治	3-4-1 能识别当地主要病虫草鼠害及虫害天敌	(1) 识别病虫草鼠害 (2) 识别虫害天敌
		3-4-2 能使用农药、药械防治病虫草鼠害	(1) 使用农药、药械防治病害 (2) 使用农药、药械防治虫害 (3) 使用农药、药械防治草害 (4) 使用农药、药械防治鼠害
		3-4-3 能配制药液、毒土（饵）防治病虫草鼠害，检查防治效果	配制药液、毒土（饵）
4. 收获管理	4-1 收获	4-1-1 能按要求确定作物采收时间	(1) 确定农产品采收时期 (2) 确定农产品收获的方法
		4-1-2 能检查收获质量	检查收获质量
		4-1-3 能根据作物情况制订秸秆还田方案	(1) 调查作物情况 (2) 制订秸秆还田方案 (3) 按要求进行秸秆还田
	4-2 整理	4-2-1 能进行产品检测采样	产品检测采样
		4-2-2 能检查产品整理质量	检查产品整理质量

续表

职业功能模块	培训内容	技能目标	培训细目
4．收获管理	4-3 储藏	4-3-1 能根据收获产品的特性制订储存方案	制订产品储存方案
		4-3-2 能按要求防治仓库病虫鼠害	（1）调查仓库病虫鼠害 （2）防治仓库病虫鼠害

2.1.4 三级/高级职业技能培训要求

职业功能模块	培训内容	技能目标	培训细目
1．育苗	1-1 苗情诊断	1-1-1 能识别苗期常见病虫害，并能及时进行防治	（1）作物苗期病害的诊断及防治 （2）作物苗期虫害的诊断及防治
		1-1-2 能判断幼苗长势、长相	主要作物的苗情诊断
	1-2 幼苗管理	能根据植株长势、长相，调节生长环境	调节作物生长环境
2．田间管理	2-1 肥水管理	2-1-1 能识别主要作物常见的营养缺乏及营养过剩症状	（1）识别作物常见的营养缺乏症状 （2）识别作物常见的营养过剩症状
		2-1-2 能鉴别常用肥料的质量	鉴定常用肥料的质量
		2-1-3 能实施节水灌溉	实施节水灌溉
	2-2 植株管理	2-2-1 能根据留苗密度实施管理措施	（1）确定作物密度 （2）管理常见作物植株
		2-2-2 能根据植株长势、长相进行综合调控	（1）人工调控作物生长发育 （2）化学调控作物生长发育 （3）地膜覆盖调控作物生长发育
	2-3 病虫草鼠害防治	2-3-1 能按要求开展病虫草鼠害调查	调查与统计病虫草鼠害
		2-3-2 能进行常用剂型农药的配制	（1）选择农药剂型 （2）配制常用剂型农药
		2-3-3 能识别农药中毒症状并能进行现场救护	（1）识别农药中毒症状 （2）农药中毒的现场救护

续表

职业功能模块	培训内容	技能目标	培训细目
3. 收获管理	3-1 收获	3-1-1 能在收获前对产量进行测定	产量估算
		3-1-2 能依据收获农产品品质要求及时收获	适时收获
		3-1-3 能根据作物特点制订残茬处理、土壤耕翻方案	(1) 制订残茬处理方案 (2) 制订土壤耕翻方案
	3-2 储藏	3-2-1 能根据产品的特点选择设施，确定仓储方案	(1) 选择储藏设施 (2) 确定仓储方案
		3-2-2 能制订和实施仓库病虫鼠害综合防治方案	仓库病虫鼠害的综合防治
4. 技术指导	4-1 拟订生产计划	能起草年度种植计划	起草年度种植计划
	4-2 技术示范	能对初级工、中级工进行生产技术操作示范	进行生产技术操作示范

2.1.5 二级/技师职业技能培训要求

职业功能模块	培训内容	技能目标	培训细目
1. 育苗	1-1 苗情诊断	能识别苗期生理与侵染性病虫害，并制定综合防治措施	(1) 识别作物苗期生理与侵染性病虫害 (2) 综合防治病虫害
	1-2 幼苗管理	1-2-1 能制订幼苗管理方案	制订幼苗管理方案
		1-2-2 能根据植株长势、长相进行管理	管理苗期作物
2. 田间管理	2-1 肥水管理	2-1-1 能根据主要作物的各种缺素及营养过剩症状，制定相应的调节措施	(1) 识别作物缺素症状 (2) 制定作物营养调节措施
		2-1-2 能根据主要作物的长势、长相，制定相应的肥水管理措施	(1) 判断作物长势、长相 (2) 制定肥水管理措施
		2-1-3 能制订节水灌溉方案	制订节水灌溉方案
		2-1-4 能依据土壤测试结果，制订施肥方案	依据土壤测试结果制订施肥方案
	2-2 植株管理	能根据作物生育特性及阶段生长特点制订调控方案	制订作物生长发育调控方案

续表

职业功能模块	培训内容	技能目标	培训细目
2．田间管理	2-3 病虫草鼠害防治	能对主要病虫草鼠害发生期和发生量进行调查，汇总分析	（1）调查病虫草鼠害发生期和发生量 （2）分析病虫草鼠害发生情况
3．技术管理	3-1 编制生产计划	3-1-1 能根据作物生产特点及环境条件制订轮作方案	制订作物轮作方案
		3-1-2 能依据主要作物特性进行合理布局，制订生产计划	（1）划分作物生态适应性类型 （2）编制作物生产计划
		3-1-3 能制订农资采购计划	制订农资采购计划
	3-2 技术评估	3-2-1 能评估技术措施应用效果	评估技术措施应用效果
		3-2-2 能对技术措施存在的问题提出改进方案	提出技术措施改进方案
	3-3 信息管理	能采集、整理和应用相关农业信息	（1）采集相关农业信息 （2）整理相关农业信息 （3）应用相关农业信息
	3-4 技术开发与总结	3-4-1 能有计划地引进、试验、示范、推广新品种，应用新材料、新技术	（1）有计划地引进、试验、示范、推广新品种 （2）应用新材料、新技术
		3-4-2 能编写生产技术总结	编写生产技术总结
4．培训指导	4-1 技术培训	能制定初级工、中级工、高级工培训计划与培训材料	（1）制订培训计划，并进行培训 （2）制定培训材料
	4-2 技术示范	能对初级工、中级工、高级工在各生产环节进行实验示范和指导	根据各生产环节进行实验示范和指导

2.1.6 一级/高级技师职业技能培训要求

职业功能模块	培训内容	技能目标	培训细目
1．田间管理	1-1 肥水管理	1-1-1 能依据作物的种类和品种特性及肥水需求规律，制订相应的肥水管理方案	（1）分析作物代谢的生理生化状态 （2）分析作物发育的生理生化状态 （3）制订相应的肥水管理方案

续表

职业功能模块	培训内容	技能目标	培训细目
1．田间管理	1-1 肥水管理	1-1-2 能根据作物需求和生态环境优化节水灌溉措施	优化节水灌溉措施
	1-2 病虫草鼠害防治	1-2-1 能识别检疫性病虫草害	识别检疫性病虫草害
		1-2-2 能应用预测预报数据制订综合防治方案	制订病虫草鼠害综合防治方案
	1-3 中低产田改良	1-3-1 能应用土壤化验数据分析低产原因	综合分析作物高产的土壤限制因素
		1-3-2 能制定有效的土壤改良措施	制定有效的土壤改良措施
	1-4 自然灾害补救	1-4-1 能制定自然灾害预防措施	制定自然灾害预防措施
		1-4-2 能调查受灾情况	调查常见灾情
		1-4-3 能鉴定农业生产灾害，制订补救方案	（1）鉴定农业生产灾害 （2）制订农业生产灾害补救方案
2．技术管理	2-1 编制生产计划	2-1-1 能及时了解主要农产品的市场信息，制订作物种植结构方案	（1）农产品市场预测 （2）制订作物种植结构方案
		2-1-2 能根据国家标准，组织无公害、绿色、有机农产品的生产	（1）收集农产品质量安全标准 （2）组织无公害、绿色、有机农产品的生产
		2-1-3 能根据国家计划、粮食安全要求，调整种植计划	调整种植计划
	2-2 技术开发与总结	2-2-1 能根据生产中存在的问题，开展试验研究与技术创新	开展试验研究与技术创新
		2-2-2 能指导农作物的良种繁育	指导农作物的良种繁育
		2-2-3 能针对相关专题撰写论文	撰写相关专题论文
3．培训指导	3-1 技术培训	3-1-1 能编制高级工和技师培训计划，并能进行培训	（1）制订高级工和技师培训计划 （2）培训高级工和技师
		3-1-2 能准备高级工和技师培训资料、实验用材	准备培训资料、实验用材
	3-2 技术指导	能对技师进行实验示范和实训示范	对技师进行实验示范和实训示范

2.2 课程规范

2.2.1 职业基本素质培训课程规范

模块	课程	学习单元	课程内容	培训建议	课堂学时
1. 职业道德	1-1 职业认知	职业认知、道德与守则	1）农业认知 2）农艺工职业认知 ①职业定义 ②工作内容 ③职业发展现状	（1）方法：讲授法、案例教学法、讨论法 （2）重点：农艺工职业认知 （3）难点：农艺工职业道德规范和职业守则的遵守	1
	1-2 职业道德基本认知		3）职业道德		
	1-3 职业守则		4）农艺工职业守则		
2. 农业专业知识	2-1 土壤和肥料基础知识	（1）土壤基础知识	1）土壤与土壤肥力 ①土壤概念及组成 ②土壤肥力 2）土壤主要性质 ①土壤的理化性质 ②土壤有机质 ③土壤养分 3）土壤耕作 ①土壤基本耕作 ②表土耕作 ③少耕和免耕	（1）方法：讲授法、案例教学法 （2）重点：土壤主要性质及土壤基本耕作 （3）难点：土壤肥力与土壤养分	1
		（2）作物与营养	1）作物必需的营养元素 2）作物必需的矿质营养元素的生理作用及缺素症状 ①大量营养元素及缺素症状 ②微量营养元素及缺素症状	（1）方法：讲授法、案例教学法、讨论法、辅助视频法 （2）重点：作物必需的矿质营养元素的生理作用及缺素症状	2

续表

模块	课程	学习单元	课程内容	培训建议	课堂学时
2. 农业专业知识	2-1 土壤和肥料基础知识	（2）作物与营养	3）作物的需肥规律 ①作物的需肥量 ②作物营养的阶段性 ③作物营养的临界期和营养最大效率期	（3）难点：作物的需肥规律	2
			4）作物的有机养分		
		（3）施肥技术	1）肥效的影响因素及提高途径 ①肥效的影响因素 ②提高肥效的途径	（1）方法：讲授法、案例教学法、讨论法 （2）重点：肥效的影响因素、提高途径以及施肥方法 （3）难点：合理施肥原则以及施肥时期的选择	
			2）合理施肥原则 ①有机肥和无机肥相结合 ②氮、磷、钾肥配合施用 ③大量营养元素与微量营养元素配合施用 ④基肥、种肥、追肥配合施用		
			3）肥料种类与特性 ①化学肥料 ②有机肥料 ③生物肥料 ④绿肥		
			4）施肥时期 ①种肥 ②追肥		
			5）施肥方法 ①冲施 ②撒施 ③条施追肥 ④埋施 ⑤设施追施 ⑥根外追肥		
	2-2 农业气象知识	（1）光照对农业生产的影响	1）光照强度对作物的影响 ①光照强度与作物的光合作用 ②光照强度对作物生长发育的影响	（1）方法：讲授法、案例教学法、讨论法	1

续表

模块	课程	学习单元	课程内容	培训建议	课堂学时
2．农业专业知识	2-2 农业气象知识	（1）光照对农业生产的影响	2）光照时间对作物的影响 ①光周期现象和作物光周期类型 ②光周期理论在生产中的应用	（2）重点与难点：光照强度对作物生长发育的影响以及光周期理论在生产中的应用	
		（2）温度对农业生产的影响	1）生长发育的温度要求 ①温度三基点 ②温度临界期与农业界限温度	（1）方法：讲授法、案例教学法、讨论法 （2）重点：生长发育的温度要求、温度对作物的影响 （3）难点：温度逆境对作物的危害及防御措施	1
			2）温度对作物的影响 ①温度对作物生长的影响 ②温度对作物发育的影响 ③温度对作物产量和品质的影响		
			3）温度逆境对作物的危害及防御措施 ①低温对作物的危害 ②高温对作物的危害 ③对逆境温度的防御措施		
		（3）水分对农业生产的影响	1）作物对水分的需求特点 ①水与作物生长及产量的关系 ②作物的需水量和需水临界期	（1）方法：讲授法、案例教学法、讨论法 （2）重点：作物对水分的需求特点以及提高作物水分利用效率的途径	1
			2）水分逆境对作物的影响 ①干旱对作物的影响和作物的抗旱性 ②涝害对作物的影响 ③水污染对作物的影响		

续表

模块	课程	学习单元	课程内容	培训建议	课堂学时
2. 农业专业知识	2-2 农业气象知识	（3）水分对农业生产的影响	3）提高作物水分利用效率 ①水分利用效率 ②提高水分利用效率的途径	（3）难点：水分逆境对作物的危害	
		（4）空气对农业生产的影响	1）作物与氧气的关系 ①作物的呼吸作用 ②氧气与作物的呼吸作用 2）作物与二氧化碳的关系 ①田间二氧化碳浓度的变化和二氧化碳平衡 ②二氧化碳浓度与作物产量 3）作物与氮气的关系 4）大气环境与作物的关系 5）风速对作物的影响	（1）方法：讲授法、案例教学法 （2）重点：作物与氧气及二氧化碳的关系 （3）难点：大气环境与作物的关系	1
		（5）农业技术措施的小气候效应	1）耕作措施的小气候效应 ①耕翻与镇压 ②垄作 2）栽培措施的小气候效应 ①种植行向 ②种植密度 ③间作套种 3）覆盖的小气候效应 ①温室 ②地膜覆盖	（1）方法：讲授法、案例教学法 （2）重点：栽培措施以及覆盖的小气候效应 （3）难点：耕作措施的小气候效应	1
	2-3 作物栽培知识	（1）播前准备技术	1）农资准备 ①肥料 ②种子 ③农药 2）土地准备 ①播前灌溉 ②土地耕翻 ③基肥施用	（1）方法：讲授法、讨论法、案例教学法、演示法 （2）重点：土地和苗床的准备	1

续表

模块	课程	学习单元	课程内容	培训建议	课堂学时
2. 农业专业知识	2-3 作物栽培知识	(1) 播前准备技术	3) 育苗 ①育苗设施准备 ②基质准备与消毒 ③苗床的准备 ④种子处理 ⑤苗木调查	(3) 难点：育苗中的种子处理	
		(2) 播种技术	1) 整地 ①平整土地 ②起垄、作畦 ③开排水沟、灌水沟 ④铺设节水设备 2) 直播 ①计算播种量的方法 ②确定播种方法 ③确定播种深度及覆土厚度 3) 移栽 ①开沟或穴 ②移栽时间 ③移栽深度 ④移栽密度 ⑤栽后管理	(1) 方法：讲授法、案例教学法、演示法、讨论法 (2) 重点：直播和移栽 (3) 难点：播种深度及覆土厚度的确定	2
		(3) 田间管理技术	1) 耕作管理 ①中耕 ②保墒 ③松土、除草 ④起垄、培土 2) 肥水管理 ①施肥 ②灌溉 3) 植株管理 ①间苗、定苗 ②整枝 ③喷施生长调节剂 4) 病虫草鼠害防治 ①病害防治 ②虫害防治 ③草害防治 ④鼠害防治	(1) 方法：讲授法、案例教学法、演示法、讨论法 (2) 重点：肥水管理和植株管理 (3) 难点：病虫草鼠害防治	2

续表

模块	课程	学习单元	课程内容	培训建议	课堂学时
2.农业专业知识	2-3 作物栽培知识	（4）产品收获管理技术	1）收获 ①确定收获时间 ②清理植株残体和杂物 2）整理 ①产品整理 ②产品包装 3）储藏 ①储藏方法 ②仓库病虫鼠害防治	（1）方法：讲授法、案例教学法、演示法 （2）重点：收获时间的确定以及产品的储藏方法 （3）难点：产品整理与包装	1
	2-4 植物保护知识	（1）有害生物及其防治策略	1）有害生物及生物灾害 2）有害生物及生物灾害对农业生产的威胁 3）有害生物防治策略	（1）方法：讲授法、讨论法、案例教学法 （2）重点：有害生物及生物灾害对农业生产的威胁 （3）难点：有害生物防治策略	1
		（2）植物病害与防治	1）植物病害的概念 2）植物病害种类及症状 ①植物病害的种类 ②植物病害的症状 3）植物病害的防治方法 ①植物检疫 ②农业防治 ③生物防治 ④物理防治 ⑤化学防治	（1）方法：讲授法、讨论法、案例教学法、辅助视频法 （2）重点：植物病害种类及症状、植物病害的防治方法 （3）难点：植物病害的防治方法	1
		（3）植物虫害与防治	1）昆虫的特征及危害 ①昆虫的头部及其附器特征及危害 ②昆虫的胸、腹部特征 2）昆虫的主要习性 ①昆虫的假死习性 ②昆虫的趋性 ③昆虫的食性 ④昆虫的群集性	（1）方法：讲授法、讨论法、案例教学法、辅助视频法	1

续表

模块	课程	学习单元	课程内容	培训建议	课堂学时
2.农业专业知识	2-4 植物保护知识	（3）植物虫害与防治	3）昆虫与环境条件 ①气象因素对昆虫的影响 ②土壤因素对昆虫的影响 ③食物因素对昆虫的影响 ④天敌因素对昆虫的影响	（2）重点：昆虫的主要习性、植物虫害的防治 （3）难点：植物虫害的防治	
			4）植物虫害的防治 ①植物检疫 ②农业防治 ③生物防治 ④物理防治 ⑤化学防治		
		（4）植物草害的防治以及专家系统的应用	1）农田杂草的危害	（1）方法：讲授法、讨论法、案例教学法、辅助视频法 （2）重点：农田杂草的种类、农田草害的综合防除 （3）难点：专家系统在植物病虫草害防治中的应用	1
			2）农田杂草的种类 ①农田杂草的生物学特性 ②杂草与环境 ③杂草的传播		
			3）农田草害的综合防除 ①农业防除 ②生物防除 ③植物检疫 ④化学防除		
			4）专家系统在植物病虫草害防治中的应用 ①植物病虫草害诊断与鉴别 ②植物病虫草害预测预报 ③植物病虫草害综合防治决策		
	2-5 收获和储藏基础知识	产品的收获、处理与储藏	1）产品收获 ①收获时期 ②收获方法	（1）方法：讲授法、案例教学法、演示法	1

续表

模块	课程	学习单元	课程内容	培训建议	课堂学时
2.农业专业知识	2-5 收获和储藏基础知识	产品的收获、处理与储藏	2）产品处理 ①脱粒 ②干燥 ③去杂 3）产品储藏 ①谷类作物的储藏 ②薯类作物的储藏 ③其他作物的储藏	（2）重点：产品收获方法及储藏 （3）难点：储藏方法的选择	
	2-6 农田灌溉知识	合理灌溉及排水技术	1）作物对水分的需求 ①作物对水分的需要量 ②作物不同生育时期对水分的需要量 ③作物的水分临界期 2）合理灌溉指标 ①土壤指标 ②形态指标 ③生理指标 3）节水灌溉技术 ①改进地面灌溉技术 ②喷灌技术 ③滴灌技术 ④膜下滴灌技术 4）排水技术 ①地面排水 ②水平地下排水 ③垂直地下排水	（1）方法：讲授法、案例教学法、演示法 （2）重点：作物对水分的需求、灌溉量的确定以及各种节水灌溉技术 （3）难点：灌溉时期以及灌溉量的确定	2
	2-7 农业机械基础知识	农业机械概述及类型特性	1）农业机械概述 ①含义 ②重要性 2）农业机械类型及特性 ①土壤耕作机械 ②播种施肥机械 ③育苗移栽机械 ④中耕与植物保护机械 ⑤节水灌溉机械与设备	（1）方法：讲授法、案例教学法、演示法 （2）重点：农业机械类型及特性	1

续表

模块	课程	学习单元	课程内容	培训建议	课堂学时
2. 农业专业知识	2-7 农业机械基础知识	农业机械概述及类型特性	⑥谷物收获机械 ⑦谷物清选、干燥和种子加工机械	(3) 难点：农业机械的特性	
	2-8 农业环境与保护基础知识	农业环境污染及其防治	1) 农业环境问题 ①环境问题的产生 ②农业环境问题类型 2) 大气污染及其防治 ①大气污染对农业的影响 ②大气污染防治 3) 水体污染及防治 ①水体污染对农业的影响 ②水体污染防治 4) 土壤污染及防治 ①土壤污染概述 ②土壤污染物种类 ③土壤污染防治 5) 固体废物处理与利用 ①固体废物对环境的影响 ②固体废物处理与处置 ③农业固体废物利用与转化	(1) 方法：讲授法、讨论法、案例教学法 (2) 重点：大气污染、水体污染、土壤污染、固体废物对农业的影响 (3) 难点：大气污染防治、水体污染防治、土壤污染防治	1
3. 农业安全知识	3-1 农业机械、器具安全使用知识	农业机械、器具安全使用与维护保养	1) 农机田间作业安全技术 2) 农机固定作业安全技术 3) 农机维护保养与安全隐患消除	(1) 方法：讲授法、案例教学法、演示法 (2) 重点：农机的安全操作技术 (3) 难点：农机安全隐患消除	1
	3-2 安全使用肥料知识	安全使用肥料	1) 施肥原则 2) 允许使用的肥料种类 3) 不同类型肥料的合理使用 4) 禁止使用的肥料	(1) 方法：讲授法、案例教学法、讨论法 (2) 重点与难点：不同类型肥料的合理使用	1

续表

模块	课程	学习单元	课程内容	培训建议	课堂学时
3．农业安全知识	3-3 安全用电知识	安全用电技术	1）用电安全基础知识 ①触电防护技术 ②雷电、静电的安全防护措施 ③触电事故的现场急救 2）电气防火与防爆 ①电气火灾和爆炸形成的原因 ②防止电气火灾和爆炸的安全措施 3）电工作业安全规范 4）安全工具的使用 ①安全工具术语 ②安全工具的使用与维护	（1）方法：讲授法、案例教学法、演示法、讨论法 （2）重点：电工作业安全规范、安全工具的使用与维护 （3）难点：安全工具的使用与维护	1
	3-4 安全使用农药知识	农药的安全使用	1）选购农药 ①农药种类 ②选购农药的原则 2）农药的储存与保管 ①管理要求 ②储存环境 ③农药存放要求 3）农药的安全使用 ①农药的配制与防护 ②安全合理施药及防护 ③农药废弃物的安全处理与防护 ④作物药害及其预防	（1）方法：讲授法、案例教学法、演示法、讨论法 （2）重点：农药的储存与保管、农药的安全使用 （3）难点：农药废弃物的安全处理与防护	2
	3-5 农产品质量安全知识	农产品质量安全	1）农产品质量安全的有关概念 2）无公害农药安全使用 ①施药方法 ②无公害农药使用原则	（1）方法：讲授法、案例教学法、演示法、讨论法	1

续表

模块	课程	学习单元	课程内容	培训建议	课堂学时
3. 农业安全知识	3-5 农产品质量安全知识	农产品质量安全	3) 农产品质量安全生产技术 ①农产品质量安全生产的影响因素与要求 ②无公害农产品安全生产技术 ③绿色农产品安全生产关键技术 ④有机农产品安全生产关键技术	(2) 重点：无公害农药选择与使用，无公害农产品、绿色农产品以及有机农产品安全生产技术 (3) 难点：农产品质量安全生产技术	
4. 相关法律、法规知识	相关法律、法规知识	相关法律、法规知识	1)《中华人民共和国农业法》相关知识 2)《中华人民共和国农业技术推广法》相关知识 3)《中华人民共和国劳动法》相关知识 4)《中华人民共和国民法典》相关知识 5)《中华人民共和国种子法》相关知识 6)《中华人民共和国农产品质量安全法》相关知识 7)《农药管理条例》相关知识	(1) 方法：讲授法、案例教学法 (2) 重点与难点：《中华人民共和国种子法》《中华人民共和国农产品质量安全法》相关知识	1
课堂学时合计					33

2.2.2 五级／初级职业技能培训课程规范

模块	课程	学习单元	课程内容	培训建议	课堂学时
1. 播前准备	1-1 土地准备	(1) 土壤耕作及播前灌溉	1) 翻耕技术 ①翻耕农具选择 ②翻耕方法 ③翻耕时期 ④翻耕深度	(1) 方法：讲授法、演示法、辅助视频法	4

续表

模块	课程	学习单元	课程内容	培训建议	课堂学时
1. 播前准备	1-1 土地准备	(1) 土壤耕作及播前灌溉	2) 耙地技术 ①耙地农具选择 ②耙地方法 3) 镇压 ①播前镇压的时机选择 ②镇压注意事项 4) 耖田 5) 开沟作畦 6) 播前灌溉技术 ①播前灌溉的意义 ②拟定灌水定额的方法 ③灌水定额拟定注意事项	(2) 重点：翻耕技术和播前灌溉技术 (3) 难点：播前灌溉技术	
		(2) 轮作倒茬与基肥的施用	1) 轮作倒茬 ①轮作倒茬的概念 ②轮作倒茬的意义 ③轮作倒茬的基本原则 ④轮作倒茬的方式、方法 2) 基肥的施用 ①基肥的概念及特点 ②基肥的作用 ③基肥的使用方法	(1) 方法：讲授法、辅助视频法 (2) 重点：轮作倒茬及基肥的施用 (3) 难点：轮作倒茬的方式、方法及基肥的施用	2
	1-2 农资准备	(1) 肥料的选择与储藏	1) 常用肥料的种类及性质 ①有机肥 ②无机肥 2) 肥料储藏 ①库房的条件 ②肥料储藏的注意事项	(1) 方法：讲授法 (2) 重点与难点：常用肥料的种类及性质	2
		(2) 种子知识	1) 种子基本知识 ①种子的概念 ②种子的形态构造与成熟 ③种子的活力与寿命 ④种子的休眠与萌发 2) 种子的加工 ①种子加工的一般过程 ②种子干燥 ③种子清选与分级	(1) 方法：讲授法、演示法、辅助视频法 (2) 重点：种子基本知识	4

续表

模块	课程	学习单元	课程内容	培训建议	课堂学时
1. 播前准备	1-2 农资准备	（2）种子知识	3）种子的储藏 ①种子储藏的管理 ②种子的储藏技术	（3）难点：种子的休眠与萌发	
		（3）农药的选择与准备	1）农药的应用及防治 ①农药的选择性 ②虫害化学防治 ③病害化学防治 ④鼠害化学防治 ⑤植物生长调节剂科学使用	（1）方法：讲授法、演示法、辅助视频法 （2）重点与难点：农药的应用及防治、农药的使用方法	4
			2）农药的使用方法 ①杀虫剂使用方法 ②杀菌剂使用方法 ③除草剂使用方法 ④杀线虫剂使用方法 ⑤杀鼠剂使用方法 ⑥植物生长调节剂使用方法		
	1-3 育苗	（1）育苗场地与育苗设施、设备的选择	1）育苗场地选择 ①位置选择 ②水源选择 ③地形选择 ④土壤选择 ⑤病虫害等方面的考虑	（1）方法：讲授法 （2）重点：育苗场地选择 （3）难点：育苗设施、设备的选择与准备	2
			2）设施、设备的选择与准备 ①塑料拱棚 ②温床 ③育苗穴盘 ④工具和器具 ⑤生产配套工程设备		
		（2）育苗基质、设施消毒	1）育苗基质药剂消毒 ①硫酸亚铁消毒法 ②敌克松消毒法 ③五氯硝基苯消毒法 ④辛硫磷消毒法 ⑤福尔马林消毒法	（1）方法：讲授法、演示法、辅助视频法 （2）重点：育苗基质药剂的选择 （3）难点：育苗设施、设备药剂消毒	1
			2）育苗设施、设备药剂消毒 ①育苗设施消毒 ②穴盘或工具消毒		

续表

模块	课程	学习单元	课程内容	培训建议	课堂学时
1. 播前准备	1-3 育苗	（3）苗床的准备	1）作床 ①高床 ②低床 ③平床 2）作垄 ①高垄 ②低垄	（1）方法：讲授法、辅助视频法 （2）重点与难点：作床、作垄	1
		（4）基质和营养液的配制	1）基质的选择 ①基质的作用与选用原则 ②各类基质的性质 2）营养液的配制 ①营养液的组成 ②营养液的浓度及酸度 ③营养液用水要求	（1）方法：讲授法、演示法、辅助视频法 （2）重点：基质的选择和营养液的配制 （3）难点：营养液的配制	2
		（5）种子处理与播种技术	1）种子处理技术 ①种子筛选 ②种子消毒 ③种子催芽 2）播种技术 ①播种时间 ②播种量 ③播种	（1）方法：讲授法、辅助视频法 （2）重点与难点：种子催芽和播种技术	2
		（6）幼苗管理	1）覆盖保墒 ①覆盖材料 ②覆盖方法 ③撤覆盖物 2）灌溉 3）松土和除草 4）其他管理工作	（1）方法：讲授法 （2）重点：覆盖保墒和灌溉 （3）难点：灌溉	2
2. 播种	2-1 整地	（1）土壤结构	1）土壤结构概述 ①土壤结构的概念 ②土壤结构的类型与特点 2）创造良好土壤结构的耕作措施 ①深耕结合施用有机肥 ②合理耕作 ③合理轮作 ④施用土壤结构改良剂	（1）方法：讲授法、案例教学法 （2）重点与难点：创造良好土壤结构的耕作措施	2

续表

模块	课程	学习单元	课程内容	培训建议	课堂学时
2．播种	2-1 整地	（1）土壤结构	3）低产地土壤特征与改良		
		（2）整地方法	1）整地时间 2）整地深度 3）土壤墒情 4）整地措施	（1）方法：讲授法、辅助视频法 （2）重点与难点：土壤墒情和整地措施	2
		（3）灌溉与排水技术	1）灌溉技术 ①灌溉要求 ②灌溉方法 2）排水技术 ①排水标准 ②排水措施	（1）方法：讲授法、辅助视频法 （2）重点与难点：灌溉技术	2
		（4）除草剂的喷施	1）除草剂配制 ①乳剂、水剂和胶悬剂的配制 ②可湿性粉剂、干燥悬乳剂等剂型的配制 2）除草剂使用 ①喷施时间选择 ②喷施技术要点	（1）方法：讲授法、演示法、辅助视频法 （2）重点与难点：除草剂喷施技术要点	2
	2-2 直播	播种方式和方法	1）播种方法 ①撒播 ②条播 ③点播 2）播种方式 ①垄播 ②平播 ③沟播 3）种子覆土	（1）方法：讲授法、演示法、辅助视频法 （2）重点：播种方法 （3）难点：种子覆土	2
	2-3 移栽	苗木移栽技术	1）移栽时间的确定 ①依据气候条件 ②依据种植制度 2）移栽苗规格 3）开沟或穴 ①规格 ②方法 4）移栽深度 5）移栽密度	（1）方法：讲授法、演示法、辅助视频法、讨论法 （2）重点与难点：移栽时间的确定以及移栽深度	2

续表

模块	课程	学习单元	课程内容	培训建议	课堂学时
3. 田间管理	3-1 耕作管理	中耕、除草、起垄培土及作业质量检查	1) 中耕 ①中耕时期 ②中耕深度 ③中耕标准要求 2) 除草 ①除草原则 ②除草方法 3) 起垄培土 ①起垄 ②培土 4) 作业质量检查 ①中耕深度 ②锄草情况 ③伤苗、压苗、埋苗情况 ④平整性 ⑤碎土情况	(1) 方法：讲授法、演示法、辅助视频法 (2) 重点：中耕和作业质量检查 (3) 难点：作业质量检查	2
	3-2 肥水管理	肥水管理	1) 追肥 ①土壤追肥 ②根外追肥 2) 灌溉 ①合理灌溉及灌溉量 ②灌溉方法 ③灌溉注意事项	(1) 方法：讲授法、演示法、辅助视频法 (2) 重点：追肥 (3) 难点：灌溉	2
	3-3 植株管理	(1) 间苗、定苗、补苗、整枝	1) 间苗 ①间苗时间 ②间苗次数 ③间苗强度和对象 2) 定苗、补苗 3) 整枝 ①打顶心 ②打边心 ③抹芽 ④打空枝老叶	(1) 方法：讲授法、演示法、辅助视频法 (2) 重点：定苗、补苗、整枝 (3) 难点：整枝	2
		(2) 植物生长调节剂施用	1) 植物生长调节剂的定义及作用	(1) 方法：讲授法、演示法、辅助视频法	2

续表

模块	课程	学习单元	课程内容	培训建议	课堂学时
3．田间管理	3-3 植株管理	（2）植物生长调节剂施用	2）植物生长调节剂配制 ①生长素类调节剂配制 ②赤霉素类调节剂配制 ③细胞分裂素类调节剂配制 ④生长延缓剂类调节剂配制	（2）重点：植物生长调节剂喷洒方法 （3）难点：植物生长调节剂配制	
			3）植物生长调节剂喷洒方法		
	3-4 病虫草鼠害防治	（1）农药的保管与药械的使用与清洗	1）农药保管 ①液体农药保管 ②固体农药保管 ③微生物农药保管	（1）方法：讲授法、演示法、辅助视频法 （2）重点：农药保管 （3）难点：药械使用与清洗	2
			2）药械使用与清洗 ①药械使用 ②药械清洗		
		（2）农药防治病虫草鼠害	1）病害防治 ①作物病害 ②病害的症状 ③病害发生的原因 ④常见作物主要病害的识别与防治	（1）方法：讲授法、演示法、案例教学法、辅助视频法、讨论法 （2）重点与难点：病虫草鼠害防治	6
			2）虫害防治 ①防治方法 ②农作物虫害的识别与防治		
			3）草害防治 ①杂草识别 ②除草剂使用 ③化学除草方法		
			4）鼠害防治 ①灭鼠时期的选择 ②鼠害防治方法		
4．收获管理	4-1 收获	作物成熟、收获及田间清理	1）作物成熟 ①生理成熟 ②商品成熟	（1）方法：讲授法、演示法、辅助视频法 （2）重点：收获和田间清理	2
			2）收获 ①收获方法 ②脱谷 ③晒场作业		

续表

模块	课程	学习单元	课程内容	培训建议	课堂学时
4. 收获管理	4-1 收获	作物成熟、收获及田间管理	3）田间清理 ①残茬清理 ②杂物清理	（3）难点：田间清理	
	4-2 整理	产品的整理与包装	1）产品整理 ①脱粒 ②干燥 ③去杂 2）产品包装	（1）方法：讲授法、演示法、辅助视频法 （2）重点与难点：产品整理	2
	4-3 储藏	产品储藏及仓库病虫鼠害的防治	1）产品储藏 ①产品储藏要求 ②产品的特性及储藏方法 2）病害防治 ①仓库管理防治 ②化学防治 3）虫害防治 ①仓库管理防治 ②物理机械防治 ③化学防治 4）鼠害防治 ①器械捕鼠 ②毒饵诱杀	（1）方法：讲授法、演示法、讨论法、辅助视频法 （2）重点：产品储藏、虫害防治和鼠害防治 （3）难点：虫害防治	4
课堂学时合计					62

2.2.3　四级／中级职业技能培训课程规范

模块	课程	学习单元	课程内容	培训建议	课堂学时
1. 播前准备	1-1 土地准备	（1）基肥的选择与施用	1）施肥意义 2）基肥种类 ①有机肥 ②无机肥 3）基肥的施用方法 ①施用种类选择 ②施用数量确定 ③肥料品种选择 ④施肥深度确定	（1）方法：讲授法、辅助视频法 （2）重点与难点：基肥的施用方法	2

续表

模块	课程	学习单元	课程内容	培训建议	课堂学时
1. 播前准备	1-1 土地准备	（2）合理灌溉技术	1）合理灌溉的原则 2）灌溉方法 ①侧方灌溉 ②畦灌 ③节水灌溉	（1）方法：讲授法、演示法、辅助视频法 （2）重点与难点：灌溉方法	1
		（3）除草剂的选配和使用	1）分类依据 ①按作用方式 ②按使用方法 2）除草剂的作用机理及选择 3）除草剂有效性田间评价 ①试验设计原则 ②试验设计	（1）方法：讲授法、辅助视频法 （2）重点与难点：除草剂的选择	1
	1-2 农资准备	（1）施肥技术	1）施肥的原则 2）施肥时期 ①基肥 ②种肥 ③追肥 3）施肥方法 ①冲施 ②撒施 ③条施追肥 ④埋施 ⑤设施追施 4）施肥量的估算 ①定性的丰缺指标法 ②肥料效应函数法 ③目标产量法	（1）方法：讲授法、辅助视频法 （2）重点与难点：施肥量的估算	3
		（2）常用肥料外观质量鉴定	1）复混肥料外观特征 2）尿素外观特征 3）碳酸氢铵外观特征 4）过磷酸钙外观特征 5）钙镁磷肥外观特征 6）硫酸钾外观特征 7）磷酸一铵、磷酸二铵外观特征 8）有机肥料外观特征	（1）方法：讲授法、辅助视频法 （2）重点与难点：各类肥料的外观特征	1

续表

模块	课程	学习单元	课程内容	培训建议	课堂学时
1. 播前准备	1-2 农资准备	（3）种子知识	1）种子质量检验 ①扦样 ②种子净度分析 ③种子发芽试验 ④种子水分测定 ⑤种子重量测定 ⑥品种真实性及品种纯度测定 ⑦种子生活力与活力测定 2）种子的处理 ①种子的包衣 ②种子的包装	（1）方法：讲授法 （2）重点：种子质量检验 （3）难点：种子的处理	2
		（4）作物品种的选择	1）优良品种 ①定义 ②特性 2）作物品种选择 ①作物品种选择的意义 ②作物品种选择的方法和措施	（1）方法：讲授法 （2）重点与难点：作物品种选择的方法和措施	1
		（5）农药基础知识	1）农药的定义及其适用范围 2）农药的基本作用 3）农药的分类 ①按防治对象分类 ②按作用方式分类 ③按原料来源分类 ④按化学结构分类	（1）方法：讲授法、辅助视频法 （2）重点与难点：农药的分类	1
		（6）农药质量鉴别	1）农药质量标准概述 ①农药标准 ②农药标准与质量关系 ③原药的质量标准 ④制剂的质量标准 2）常用农药产品的质量标准 ①杀虫杀螨剂的质量标准 ②杀菌剂的质量标准 ③除草剂的质量标准 ④植物生长调节剂的质量标准	（1）方法：讲授法、演示法、辅助视频法 （2）重点与难点：常用农药产品的质量标准	1

续表

模块	课程	学习单元	课程内容	培训建议	课堂学时
1. 播前准备	1-3 育苗	(1) 苗床的整修与育苗设施的维护	1) 苗床的整修 ①苗床的检查 ②苗床的维修 2) 育苗设施的维护 ①育苗设施的检查 ②育苗设施的维修	(1) 方法：讲授法、辅助视频法 (2) 重点：苗床、育苗设施的检查 (3) 难点：苗床、育苗设施的维修	1
		(2) 作物与营养	1) 作物必需的营养元素 ①作物必需的营养元素确定原则 ②作物必需的营养元素种类 2) 必需矿质营养元素的生理作用 ①大量营养元素 ②微量营养元素	(1) 方法：讲授法、辅助视频法 (2) 重点：作物必需的营养元素 (3) 难点：必需矿质营养元素的生理作用	4
		(3) 育苗基质的配制与消毒	1) 基质的配制 ①营养土材料 ②营养土配方 ③营养土的调制 2) 基质的消毒 ①消毒剂的选择 ②消毒剂的配制	(1) 方法：讲授法、演示法、辅助视频法 (2) 重点与难点：营养土的调制和消毒剂的配制	4
		(4) 育苗面积的确定	1) 单位面积播种量的确定 ①确定播种量的原则 ②确定播种量的方法 2) 育苗面积的确定	(1) 方法：讲授法 (2) 重点与难点：单位面积播种量的确定	2
		(5) 种子的清选与处理	1) 种子清选 ①筛选 ②风选 ③比重法分选 2) 种子处理 ①晒种 ②消毒 ③种子包衣 ④浸种催芽	(1) 方法：讲授法、辅助视频法 (2) 重点与难点：种子处理	1

续表

模块	课程	学习单元	课程内容	培训建议	课堂学时
1．播前准备	1-3 育苗	（6）幼苗的管理及苗期技术调查	1）苗床管理 ①露地育苗管理 ②保温育苗管理 2）幼苗的管理 ①开沟理墒，盖土镇压 ②中耕松土 ③化学除草 ④破除板结 ⑤查苗补缺 3）苗期技术调查 ①确定调查指标 ②苗情分类判定 ③调查项目及标准	（1）方法：讲授法、辅助视频法 （2）重点：幼苗的管理 （3）难点：苗期技术调查	3
2．播种	2-1 整地	（1）土壤耕作及农机具的选择与使用	1）土壤耕作的类型 ①土壤基本耕作技术 ②表土耕作 ③少耕和免耕 2）农业机械概述 ①含义 ②重要性 3）土壤耕作机械 ①铧式犁 ②耙与镇压器 ③旋耕机与联合耕整机 ④保护性耕作机具 ⑤中耕机	（1）方法：讲授法、演示法、辅助视频法 （2）重点：土壤耕作的类型 （3）难点：土壤耕作机械	2
		（2）排水沟、灌水沟的布局	1）排灌沟系布局原则 2）排灌沟系规划布置 ①田间明沟排灌水系统 ②地下暗管排灌水系统 ③鼠道排水 ④竖井排水	（1）方法：讲授法、辅助视频法 （2）重点与难点：排灌沟系规划布置	1
	2-2 直播	播种技术	1）播种期的确定 ①气候条件 ②种植制度 ③品种特性 ④土壤湿度 ⑤病虫害	（1）方法：讲授法、辅助视频法 （2）重点：播种期、播种量以及播种深度的确定	2

续表

模块	课程	学习单元	课程内容	培训建议	课堂学时
2. 播种	2-2 直播	播种技术	2）播种量的确定 ①确定播种量的原则 ②确定播种量的方法 3）精量播种 4）播种深度的确定	（3）难点：精量播种和播种深度的确定	
	2-3 移栽	苗木的移栽及作业质量检查	1）苗木移栽 ①移栽的意义 ②移栽技术要点 ③栽后管理 2）作业质量检查 ①指标的确定 ②指标的结果分析	（1）方法：讲授法、辅助视频法 （2）重点：苗木移栽 （3）难点：作业质量检查	3
3. 田间管理	3-1 耕作管理	作业质量检查	1）中耕深度质量检查 2）除草情况质量检查 3）伤苗、压苗情况质量检查 4）土壤平整性质量检查 5）碎土情况质量检查	（1）方法：讲授法、演示法、辅助视频法 （2）重点：中耕深度、除草情况以及伤苗、压苗情况检查	2
	3-2 肥水管理	（1）作物生育时期与主要作物需肥特性	1）作物生育时期 ①定义 ②作物生育时期的划分 2）主要作物不同生育时期需肥特性 ①水稻 ②小麦 ③玉米 ④大豆 ⑤棉花	（1）方法：讲授法 （2）重点：作物生育时期和需肥特性 （3）难点：需肥特性	2
		（2）施肥技术	1）施肥注意事项 ①基肥注意事项 ②种肥注意事项 ③追肥注意事项 2）作物施肥要点 ①水稻 ②小麦 ③玉米 ④棉花	（1）方法：讲授法、辅助视频法 （2）重点：作物施肥要点	4

续表

模块	课程	学习单元	课程内容	培训建议	课堂学时
3. 田间管理	3-2 肥水管理	（2）施肥技术	3）根外施肥 ①定义 ②根外施肥作用 ③根外施肥技术对肥料浓度的要求 ④根外施肥技术要点	（3）难点：根外施肥	
		（3）合理灌溉技术	1）作物的需水规律 ①作物对水分的需要量 ②作物不同生育时期对水分的需要量 ③作物的水分临界期 2）合理灌溉指标 ①土壤指标 ②作物形态指标 ③作物生理指标 3）灌溉方法 ①畦灌 ②沟灌	（1）方法：讲授法、辅助视频法 （2）重点与难点：作物的需水规律及合理灌溉指标	6
		（4）土壤样品的采集	1）土壤样品采集 ①土壤剖面样品 ②耕层混合样品 ③土壤物理性质样品 2）土壤样品处理 ①取样及编号 ②风干及处理 ③样品的存放	（1）方法：讲授法、演示法 （2）重点：土壤样品采集 （3）难点：土壤样品处理	1
	3-3 植株管理	（1）合理密植	1）合理密植的含义和增产作用 ①含义 ②增产作用 2）种植密度确定依据 ①气候 ②地力 ③肥水条件 ④品种 ⑤栽培技术措施 3）合理密植方式 ①等行距 ②宽窄行 ③条带间作	（1）方法：讲授法 （2）重点与难点：种植密度确定依据	2

续表

模块	课程	学习单元	课程内容	培训建议	课堂学时
3．田间管理	3-3 植株管理	（2）作物的营养生长、生殖生长以及器官生长的相关性	1）作物的营养生长 ①根 ②茎 ③叶	（1）方法：讲授法 （2）重点：作物的营养生长和生殖生长 （3）难点：器官生长的相关性	4
			2）作物的生殖生长 ①花芽分化 ②开花、传粉、受精 ③种子、果实发育		
			3）器官生长的相关性 ①地下部分和地上部分的关系 ②顶芽和侧芽的关系 ③营养器官和生殖器官的关系 ④作物器官的同伸关系		
		（3）植物生长调节剂的选择与使用	1）植物生长调节剂的分类与选择 ①根据与植物激素作用的相似性进行分类与选择 ②根据对植物茎尖的作用方式进行分类与选择 ③根据实际作用效果进行分类与选择 ④根据植物生长调节剂的来源进行分类与选择	（1）方法：讲授法、演示法、辅助视频法 （2）重点：植物生长调节剂的使用方法 （3）难点：植物生长调节剂的分类、选择以及使用浓度	2
			2）植物生长调节剂的使用方法 ①浸种法 ②浸蘸法 ③涂抹法 ④喷洒法 ⑤浇灌法		
			3）植物生长调节剂的使用时期		
			4）植物生长调节剂的使用浓度		
	3-4 病虫草鼠害防治	（1）病害防治	1）作物病害概述	（1）方法：讲授法、辅助视频法	5
			2）作物病害的症状 ①病状 ②病症		

续表

模块	课程	学习单元	课程内容	培训建议	课堂学时
3．田间管理	3-4 病虫草鼠害防治	（1）病害防治	3）病害发生的原因 ①病原 ②寄主植物 ③环境条件	（2）重点：作物病害的症状和防治方法 （3）难点：几种农作物主要病害的识别与防治	
			4）作物病害的防治方法 ①植物检疫 ②农业防治 ③生物防治 ④物理防治 ⑤化学防治		
			5）几种农作物主要病害的识别与防治 ①水稻 ②小麦 ③玉米 ④大豆 ⑤棉花		
		（2）虫害、鼠害防治	1）作物虫害防治方法 ①植物检疫 ②农业防治 ③物理机械防治 ④生物防治 ⑤化学防治	（1）方法：讲授法、辅助视频法 （2）重点：作物虫害和鼠害的防治方法 （3）难点：几种农作物主要虫害的识别与防治	5
			2）几种农作物主要虫害的识别与防治 ①水稻 ②小麦 ③玉米 ④大豆 ⑤棉花		
			3）虫害天敌种类 ①捕食性天敌 ②寄生性天敌 ③昆虫病原微生物		
			4）鼠害防治 ①人工捕杀 ②器械捕杀 ③保护天敌捕杀 ④化学药剂毒杀		

续表

模块	课程	学习单元	课程内容	培训建议	课堂学时
3. 田间管理	3-4 病虫草鼠害防治	（3）草害防治	1）农田杂草识别 ①禾本科杂草 ②蓼科杂草 ③藜科杂草 ④莎草科杂草 2）除草剂的使用 ①茎叶处理法 ②土壤处理法 ③杀草薄膜除草法 3）几种农作物的化学除草法 ①水稻大田化学除草 ②麦田化学除草 ③玉米田化学除草 ④大豆田化学除草 ⑤棉花田化学除草	（1）方法：讲授法、辅助视频法 （2）重点：农田杂草识别和除草剂的使用 （3）难点：几种农作物的化学除草法	4
		（4）农药的使用与药械维护	1）农药分类 ①按照防治对象分类 ②按照农药组成分类 2）农药的使用方法 ①喷雾法 ②喷粉法 ③泼烧法 ④毒土法 ⑤拌种、浸种法 ⑥种子包衣法 ⑦毒饵法 3）农药配制方法 ①准确计算药液使用量和制剂用量 ②采用母液配制 ③选用优良稀释剂 ④改善和提高药剂质量 4）药械维护 ①药械性能 ②药械清洗 ③安全存放 ④药械维修	（1）方法：讲授法、演示法、案例教学法、辅助视频法 （2）重点：农药的使用方法和农药配制方法 （3）难点：药械维护	6

续表

模块	课程	学习单元	课程内容	培训建议	课堂学时
4. 收获管理	4-1 收获	(1) 产品的收获及品质鉴定	1) 农产品收获 ①收获时期确定 ②产品收获方法 ③清理植株残体和杂物 2) 农产品质量鉴定 ①品质分类 ②产品质量标准 ③抽样 ④检验 ⑤等级确定	(1) 方法：讲授法 (2) 重点：农产品收获及农产品质量鉴定 (3) 难点：农产品质量鉴定	4
		(2) 秸秆还田技术	1) 秸秆还田原理 2) 秸秆还田优缺点 ①优点 ②缺点 3) 秸秆还田技术要求 ①用作基肥 ②秸秆还田数量要适中 ③秸秆施用要均匀 ④要调节碳氮比 4) 秸秆还田方法 ①秸秆粉碎翻压还田 ②秸秆覆盖还田 ③堆沤还田 ④焚烧还田 ⑤过腹还田	(1) 方法：讲授法、辅助视频法 (2) 重点与难点：秸秆还田技术要求	2
	4-2 整理	产品的处理和检测	1) 产品处理 ①脱粒 ②干燥 ③去杂 2) 产品处理质量检测 ①抽样 ②样品检测	(1) 方法：讲授法 (2) 重点与难点：产品处理和质量检测	1
	4-3 储藏	产品的储藏管理	1) 产品储藏 ①谷类作物储藏 ②薯类作物储藏 ③其他作物储藏 2) 仓库病虫鼠害的调查与防治 ①调查方法 ②防治方法	(1) 方法：讲授法 (2) 重点：产品储藏 (3) 难点：仓库病虫鼠害的调查与防治	2
课堂学时合计					88

2.2.4 三级/高级职业技能培训课程规范

模块	课程	学习单元	课程内容	培训建议	课堂学时
1. 育苗	1-1 苗情诊断	(1) 作物主要病害的诊断及防治	1) 作物病虫害诊断方法和步骤 ①田间观察 ②室内鉴定 2) 水稻主要病害识别及防治 ①立枯病 ②青枯病 ③苗稻瘟 ④恶苗病 3) 小麦主要病害识别及防治 ①小麦全蚀病 ②小麦纹枯病 ③小麦锈病 4) 玉米主要病害识别及防治 ①玉米大小斑病 ②玉米根腐病 ③玉米顶腐病 ④玉米粗缩病 5) 大豆主要病害识别及防治 ①根腐病 ②大豆胞囊线虫病 6) 棉花主要病害识别及防治 ①棉立枯病 ②棉苗炭疽病 ③猝倒病 ④红腐病 ⑤黑斑病 ⑥茎枯病	(1) 方法：讲授法、实训（练习）法、辅助视频法 (2) 重点：各类病害的识别和防治 (3) 难点：各类病害的识别	6
		(2) 作物主要虫害的诊断及防治	1) 水稻主要虫害识别及防治 ①水稻潜叶蝇 ②稻负泥虫	(1) 方法：讲授法、实训（练习）法、辅助视频法	6

续表

模块	课程	学习单元	课程内容	培训建议	课堂学时
1．育苗	1-1 苗情诊断	（2）作物主要虫害的诊断及防治	③水稻螟虫 ④灰飞虱 ⑤蓟马 ⑥稻象甲 2）小麦主要虫害识别及防治 　①麦蚜 　②地下害虫（蝼蛄、蛴螬、金针虫等） 　③红蜘蛛 3）玉米主要虫害识别及防治 　①玉米螟 　②地下害虫（蝼蛄、蛴螬、地老虎） 　③黏虫 　④玉米蛀茎夜蛾 4）大豆主要虫害识别及防治 　①大豆根潜蝇 　②二条叶甲 　③地下害虫（蝼蛄、蛴螬、地老虎） 5）棉花主要虫害识别及防治 　①棉蚜虫 　②棉叶螨 　③棉盲蝽象 　④蓟马	（2）重点：各类虫害的识别和防治 （3）难点：各类虫害的识别	
		（3）作物苗情诊断技术	1）水稻苗情诊断 　①长相 　②长势 　③叶色 2）小麦苗情诊断 　①长相 　②长势 　③叶色 3）玉米苗情诊断 　①长相 　②长势 　③叶色	（1）方法：讲授法、实训（练习）法、辅助视频法	6

续表

模块	课程	学习单元	课程内容	培训建议	课堂学时
1. 育苗	1-1 苗情诊断	(3) 作物苗情诊断技术	4) 大豆苗情诊断 ①长相 ②长势 ③叶色 5) 棉花苗情诊断 ①长相 ②长势 ③叶色	(2) 重点与难点：作物苗情诊断	
	1-2 幼苗管理	影响作物生长的环境因素及环境调控措施	1) 影响作物生长的环境因素 ①气候因素 ②土壤因素 ③生物因素 ④地形因素 2) 作物生长的环境调控措施 ①温度调控 ②光照调控 ③水肥调控 ④病虫害管理 ⑤土壤管理	(1) 方法：讲授法 (2) 重点：影响作物生长的环境因素与环境调控措施 (3) 难点：作物生长的环境调控措施	4
2. 田间管理	2-1 肥水管理	(1) 作物的营养诊断及作物常见营养失调症状	1) 营养诊断方法 ①形态诊断法 ②化学诊断法 ③施肥诊断法 ④土壤分析诊断法 2) 常见营养元素失调症状 ①大量营养元素失调症状 ②微量营养元素失调症状 3) 主要作物的常见营养失调症状 ①水稻 ②小麦 ③玉米 ④棉花	(1) 方法：讲授法、演示法、辅助视频法 (2) 重点：营养诊断方法及常见营养元素失调症状 (3) 难点：主要作物的常见营养失调症状	6

续表

模块	课程	学习单元	课程内容	培训建议	课堂学时
2. 田间管理	2-1 肥水管理	(2) 常用肥料的质量鉴定	1) 复混肥料技术指标 2) 尿素技术指标 3) 碳酸氢铵技术指标 4) 过磷酸钙技术指标 5) 钙镁磷肥技术指标 6) 硫酸钾技术指标 7) 磷酸一铵、磷酸二铵技术指标 8) 有机肥料技术指标	(1) 方法：讲授法、演示法、辅助视频法 (2) 重点与难点：各类肥料的技术指标	2
		(3) 作物需水与灌溉	1) 作物的需水规律 ①作物需水量 ②田间耗水量 ③作物需水量特点 ④影响作物需水量的因素 2) 作物需水量计算 ①直接计算需水量的方法 ②基于参照作物需水量计算实际作物需水量 3) 作物的灌溉制度 ①充分灌溉条件下的灌溉制度 ②非充分灌溉条件下的灌溉制度 4) 节水灌溉 ①改进地面灌溉技术 ②喷灌技术 ③滴灌技术 ④膜下滴灌技术	(1) 方法：讲授法 (2) 重点：作物的需水规律和作物需水量计算 (3) 难点：作物的灌溉制度和节水灌溉	4
	2-2 植株管理	(1) 常见作物的植株管理	1) 玉米植株管理 ①早间定苗 ②蹲苗 ③早中耕 ④苗期施肥	(1) 方法：讲授法、辅助视频法	6

续表

模块	课程	学习单元	课程内容	培训建议	课堂学时
2. 田间管理	2-2 植株管理	(1) 常见作物的植株管理	2) 小麦植株管理 ①苗期管理 ②中期管理 ③后期管理 3) 水稻植株管理 ①合理密植 ②合理密植应考虑的因素 ③合理密植方式 4) 棉花植株管理 ①补种 ②间苗和定苗	(2) 重点与难点：各种作物的植株管理	
		(2) 作物生长发育调控技术	1) 人工调控技术 ①镇压 ②深中耕 ③晒田 ④打（割）叶 ⑤打顶 ⑥整枝 ⑦提蔓与压蔓 2) 化学调控技术 ①化学调控的原理 ②激素的种类 ③植物生长调节剂在生产上的应用 3) 地膜覆盖技术 ①地膜覆盖的效应与作用 ②地膜的种类与性能 ③地膜覆盖栽培管理	(1) 方法：讲授法、演示法、辅助视频法 (2) 重点：人工调控技术和化学调控技术 (3) 难点：化学调控技术	6
	2-3 病虫草鼠害防治	(1) 病虫草鼠害的调查与统计	1) 调查统计指标 ①发生面积 ②发生程度 ③挽回损失 ④实际损失 2) 调查统计对象 ①主要病虫 ②其他病虫 ③农田杂草 ④农田鼠害	(1) 方法：讲授法 (2) 重点：调查统计对象 (3) 难点：调查统计指标	2

续表

模块	课程	学习单元	课程内容	培训建议	课堂学时
2. 田间管理	2-3 病虫草鼠害防治	（2）常用剂型农药的配制	1）农药剂型 ①粉剂 ②可湿性粉剂 ③乳油 ④颗粒剂 ⑤可溶性粉剂 ⑥水剂 ⑦乳膏 ⑧胶剂 ⑨烟剂 2）常见农药配制方法 ①能被水稀释农药的配制 ②不能被水稀释农药的配制 3）无人机喷药 ①药剂的选择与配制 ②最适条件	（1）方法：讲授法、演示法、辅助视频法 （2）重点与难点：常见农药配制方法	2
		（3）农药安全使用	1）农药安全使用含义 ①施药人的安全 ②作物的安全 ③环境的安全 ④食品的安全 2）农药使用的安全防护 ①对施药人员的防护 ②对周边环境的防护 ③科学安全用药	（1）方法：讲授法、演示法、辅助视频法 （2）重点与难点：农药使用的安全防护	2
		（4）农药中毒及救护	1）农药的毒性 ①剧毒 ②高毒 ③中等毒 ④低毒 2）农药中毒 ①急性中毒 ②亚急性中毒 ③慢性中毒 3）农药引起中毒的途径与原因 ①途径 ②原因 4）农药中毒后的症状	（1）方法：讲授法、演示法、辅助视频法 （2）重点：农药引起中毒的途径与原因，农药中毒后的症状以及农药中毒的治疗	2

续表

模块	课程	学习单元	课程内容	培训建议	课堂学时
2.田间管理	2-3 病虫草鼠害防治	（4）农药中毒及救护	5）农药中毒的治疗 ①现场急救 ②解毒治疗 ③对症治疗 ④支持治疗	（3）难点：农药中毒的治疗	
3.收获管理	3-1 收获	（1）作物成熟期鉴定和产量估算	1）作物成熟期鉴定 ①禾谷类作物 ②豆类作物 2）作物产量的估测 ①采点和取样 ②估产方法	（1）方法：讲授法、辅助视频法 （2）重点：作物成熟期鉴定和产量估测 （3）难点：作物成熟期鉴定	1
		（2）残茬处理及茬口安排	1）残茬处理方式 ①粉碎处理 ②减少覆盖量 2）翻耕技术 ①翻耕时期 ②翻耕深度 ③翻耕机具类型 3）种植方式 ①种植方式概念 ②间、混、套作的增产原因和主要类型 ③复种 4）轮作 ①轮作换茬的概念及作用 ②轮作的类型	（1）方法：讲授法、情景模拟法、辅助视频法 （2）重点：残茬处理方式和种植方式 （3）难点：轮作	4
	3-2 储藏	（1）产品储藏	1）产品储藏特性 ①原粮储藏特性 ②成品粮储藏特性 ③油料类储藏特性 2）产品储藏中的质量变化 ①发热霉变 ②结露 ③虫害 ④陈化 ⑤发芽 ⑥走油	（1）方法：讲授法、辅助视频法 （2）重点：产品储藏中的质量变化和产品储藏管理	4

续表

模块	课程	学习单元	课程内容	培训建议	课堂学时
3.收获管理	3-2 储藏	(1) 产品储藏	3) 产品储藏方式 ①常温储藏 ②低温储藏 ③气调储藏	(3) 难点：产品储藏管理	
			4) 产品储藏管理 ①干燥降水、防潮散热、预防霉变 ②清除杂质		
		(2) 仓库病虫鼠害的防治	1) 病害的植物检疫防治	(1) 方法：讲授法、演示法、实训（练习）法、辅助视频法 (2) 重点：仓库虫害、鼠害防治 (3) 难点：植物检疫防治	4
			2) 仓库虫害防治 ①生物防治 ②植物检疫防治		
			3) 仓库鼠害防治 ①熏蒸 ②化学绝育		
4.技术指导	4-1 拟订生产计划	(1) 耕作制度	1) 农业生产构成	(1) 方法：讲授法 (2) 重点：种植制度 (3) 难点：土壤耕作制度	2
			2) 耕作制度概述 ①耕作制度的概念 ②建立合理的耕作制度的基本原则 ③土壤耕作类型		
			3) 种植制度 ①作物布局的设计 ②间、混、套作技术要点 ③复种技术要点		
		(2) 年度种植计划的拟订	1) 拟订年度种植计划的意义、原则 ①拟订年度种植计划的意义 ②拟订年度种植计划的原则	(1) 方法：讲授法、演示法 (2) 重点与难点：年度种植计划的拟订	2
			2) 年度种植计划的拟订 ①生产目标 ②基本内容 ③种植规划		

续表

模块	课程	学习单元	课程内容	培训建议	课堂学时
4. 技术指导	4-2 技术示范	作物栽培管理及生产技术操作示范	1）农作物栽培管理 ①适期播种 ②合理密植 ③田间管理	（1）方法：讲授法、演示法 （2）重点：作物高产栽培技术和生产技术操作示范方案的制订 （3）难点：生产技术操作示范方案的制订	2
			2）作物高产栽培技术 ①合理选地、整地 ②正确采用良种 ③合理使用肥料 ④运用先进的栽培管理技术		
			3）生产技术操作示范方案的制订 ①示范对象的确定 ②示范内容的选择 ③示范方法的选择 ④示范日期的确定 ⑤示范场所和设备的选择 ⑥示范效果的评估和完善		
课堂学时合计					73

2.2.5 二级/技师职业技能培训课程规范

模块	课程	学习单元	课程内容	培训建议	课堂学时
1. 育苗	1-1 苗情诊断	苗期常见病虫害的识别与综合防治	1）病害分类 ①侵染性病害 ②生理性病害	（1）方法：讲授法、讨论法 （2）重点与难点：苗期常见病虫害的防治	4
			2）病害症状 ①侵染性病害症状 ②生理性病害症状		
			3）病害防治 ①侵染性病害防治 ②生理性病害防治		
			4）虫害防治 ①防治方法 ②苗期虫害的识别与防治		

续表

模块	课程	学习单元	课程内容	培训建议	课堂学时
1.育苗	1-2 幼苗管理	（1）幼苗管理技术	1）幼苗覆盖保墒 ①覆盖材料 ②覆盖方法 ③撤覆盖物 2）幼苗灌溉 3）松土和除草 4）其他管理工作	（1）方法：讲授法 （2）重点与难点：幼苗覆盖保墒和幼苗灌溉	1
		（2）苗期管理	1）水稻苗期管理 ①中耕 ②肥水管理 ③植株管理 ④病虫草害防治 2）玉米苗期管理 ①中耕 ②肥水管理 ③植株管理 ④病虫草害防治 3）小麦苗期管理 ①中耕 ②肥水管理 ③植株管理 ④病虫草害防治 4）大豆苗期管理 ①中耕 ②肥水管理 ③植株管理 ④病虫草害防治 5）棉花苗期管理 ①中耕 ②肥水管理 ③植株管理 ④病虫草害防治	（1）方法：讲授法、讨论法 （2）重点与难点：各种作物苗期管理	3
2.田间管理	2-1 肥水管理	（1）作物营养学基础	1）作物需肥规律 ①作物的需肥量 ②作物营养的阶段性 ③作物营养的临界期和营养最大效率期	（1）方法：讲授法、讨论法、辅助视频法	6

续表

模块	课程	学习单元	课程内容	培训建议	课堂学时
2. 田间管理	2-1 肥水管理	(1) 作物营养学基础	2) 作物对有机养分的吸收 ①作物对含氮有机物的吸收 ②作物对含磷有机物的吸收 ③作物对糖类、酚类等有机物的吸收 3) 主要作物营养失调症状调控 ①水稻 ②小麦 ③玉米 ④棉花 ⑤大豆	(2) 重点：作物需肥规律和作物营养失调症状调控 (3) 难点：作物营养失调症状调控	
		(2) 土壤肥料及灌溉	1) 基肥 ①化学肥料 ②有机肥 2) 追肥 ①土壤追肥 ②根外追肥 3) 灌溉 ①灌溉量 ②灌溉方法 ③灌溉注意事项	(1) 方法：讲授法、演示法 (2) 重点：基肥和追肥 (3) 难点：灌溉方法的确定	2
		(3) 作物各生育时期的看苗诊断和肥水管理	1) 水稻各生育时期的看苗诊断和肥水管理 ①分蘖期 ②长穗期 ③结实期 2) 玉米各生育时期的看苗诊断和肥水管理 ①苗期 ②穗期 ③花粒期 3) 小麦各生育时期的看苗诊断和肥水管理 ①苗期 ②中期 ③后期	(1) 方法：讲授法、演示法	2

续表

模块	课程	学习单元	课程内容	培训建议	课堂学时
2. 田间管理	2-1 肥水管理	（3）作物各生育时期的看苗诊断和肥水管理	4）大豆各生育时期的看苗诊断和肥水管理 ①幼苗分枝期 ②开花结荚期 ③花粒期 5）棉花各生育时期的看苗诊断和肥水管理 ①苗期 ②蕾期 ③花铃期	（2）重点与难点：作物看苗诊断和肥水管理	
		（4）作物节水灌溉技术与抗旱栽培技术	1）节水灌溉技术 ①改进地面灌溉技术 ②现代喷灌技术 ③科学滴灌技术 ④膜下滴灌技术 2）抗旱栽培技术 ①测土配方施肥 ②地膜覆盖栽培 ③保水剂应用 ④化学调控抗旱	（1）方法：讲授法、案例教学法、演示法 （2）重点：节水灌溉技术 （3）难点：抗旱栽培技术	2
		（5）土壤基础知识	1）土壤概念与土壤肥力 ①土壤概念 ②土壤肥力质量概念 2）土壤肥力质量指标体系 ①土壤物理性质 ②土壤化学性质 ③土壤有机质 ④土壤养分 3）土壤耕作技术 ①土壤基本耕作技术要求 ②表土耕作技术 ③免耕技术	（1）方法：讲授法、讨论法 （2）重点：土壤耕作技术 （3）难点：土壤肥力质量指标体系	2
		（6）施肥方案的制订	1）作物合理施肥技术 ①有机肥和无机肥相结合 ②氮肥、磷肥、钾肥相结合	（1）方法：讲授法、案例教学法、讨论法	2

续表

模块	课程	学习单元	课程内容	培训建议	课堂学时
2. 田间管理	2-1 肥水管理	(6) 施肥方案的制订	③大量营养元素与微量营养元素相结合 ④基肥、种肥、追肥相结合 2) 肥料种类与特性 ①化学肥料 ②有机肥料 ③生物肥料 ④绿肥	(2) 重点：肥料特性和作物合理施肥技术 (3) 难点：作物合理施肥技术	
	2-2 植株管理	作物生长发育基本特性及调控技术	1) 作物生长发育特性 ①作物生长发育概念与过程 ②作物温光反应特性 ③作物生长发育的相关关系 ④作物生长发育与环境条件的关系 2) 作物生长发育调控技术 ①作物生长发育调控原则 ②作物营养生长的调控 ③作物生殖生长的调控	(1) 方法：讲授法、讨论法、演示法 (2) 重点：作物生长发育特性 (3) 难点：作物生长发育调控技术	4
	2-3 病虫草鼠害防治	(1) 常见作物病虫害发生规律与特征	1) 作物病理学基本理论与防治 ①真菌病害 ②细菌病害 ③病毒病害 ④线虫病害 ⑤作物病害综合防治 2) 作物昆虫学基本理论与防治 ①昆虫形态解剖学 ②昆虫生态学 ③昆虫对作物的危害 ④虫害综合防治	(1) 方法：讲授法、讨论法、演示法、实训（练习）法、辅助视频法 (2) 重点与难点：作物病虫害综合防治	2
		(2) 常见作物杂草和鼠害发生规律与特征	1) 作物杂草学基本理论与防治 ①杂草生物学和生态学特性	(1) 方法：讲授法、讨论法、演示法、实训（练习）法、辅助视频法	2

续表

模块	课程	学习单元	课程内容	培训建议	课堂学时
2. 田间管理	2-3 病虫草鼠害防治	（2）常见作物杂草和鼠害发生规律与特征	②常见杂草的分类 ③杂草综合防治方法	（2）重点与难点：作物草鼠害综合防治	
			2）作物鼠害防治 ①作物常见鼠害 ②灭鼠时期的选择 ③鼠害防治方法		
		（3）病虫草鼠害的调查与统计	1）统计抽样 ①样本选择 ②抽样方法 ③调查方法	（1）方法：讲授 （2）重点：统计抽样 （3）难点：调查统计分析	1
			2）调查统计分析 ①病虫害统计分析 ②草害统计分析 ③鼠害统计分析		
3. 技术管理	3-1 编制生产计划	（1）作物生态学基本过程及轮作	1）作物生长发育与光照的关系 ①光强对作物生长发育的作用机理与应用 ②光周期对作物生长发育的作用机理与应用 ③光质对作物生长发育的作用机理与应用	（1）方法：讲授法、讨论法、案例教学法 （2）重点：作物生长发育与各环境条件的关系	5
			2）作物生长发育与温度的关系 ①作物生长发育的温度要求 ②极端温度条件对作物生长发育的影响与调控		
			3）作物生长发育与水分的关系 ①水分对作物生长发育的作用机理 ②作物需水动态规律 ③作物对水分逆境的适应和调控 ④提高作物水分利用效率		

续表

模块	课程	学习单元	课程内容	培训建议	课堂学时
3．技术管理	3-1 编制生产计划	(1) 作物生态学基本过程及轮作	4) 作物生长发育与土壤养分的关系 ①常见肥料类型对作物生长发育的作用 ②营养胁迫对作物生长发育的影响与调控 ③提高肥料利用效率的技术措施	(3) 难点：轮作	
			5) 轮作 ①概念及作用 ②轮作的类型 ③轮作方案的制订		
		(2) 生态因素及作物的生态适应性	1) 生态因素对作物的作用 ①作用机制 ②限制方式	(1) 方法：讲授法 (2) 重点：生态因素的作用机制与限制方式 (3) 难点：作物的生态适应性	2
			2) 作物的生态适应性 ①定义 ②生态型 ③生活型		
		(3) 农业生产和气象因素的关系及土壤类型和分布	1) 农业生产和气象因素的关系 ①光照与农业生产的关系 ②温度和太阳辐射与农业生产的关系 ③大气水分与农业生产的关系 ④风与农业生产的关系	(1) 方法：讲授法、讨论法、案例教学法 (2) 重点：农业生产和气象因素的关系 (3) 难点：主要土壤类型的理化性质与肥力质量	2
			2) 我国土壤类型和分布特征 ①土壤类型划分 ②主要土壤类型的理化性质与肥力质量 ③我国主要土壤类型垂直与水平分布规律		
		(4) 农业经营管理理论与实践	1) 农业生产经营组织与经营方式 ①经营组织 ②经营方式	(1) 方法：讲授、讨论法、案例教学法	3

续表

模块	课程	学习单元	课程内容	培训建议	课堂学时
3．技术管理	3-1 编制生产计划	(4) 农业经营管理理论与实践	2) 农产品质量与营销管理 ①农产品质量 ②营销管理	(2) 重点：农产品质量与营销管理、农业生产资源的利用与管理 (3) 难点：农业生产资源的利用与管理	
			3) 农业生产资源的利用与管理 ①农业生产资源利用 ②农业生产资源管理		
			4) 农业产业化经营		
			5) 农业生产经营的相关法律		
		(5) 农业生产计划的制订及物资准备	1) 制订农业生产计划的意义、原则 ①制订农业生产计划的意义 ②制订农业生产计划的原则	(1) 方法：讲授法、案例教学法、实训（练习）法 (2) 重点：生产计划的制订和生产物资的准备 (3) 难点：生产计划的制订	2
			2) 生产计划的制订 ①生产计划的基本内容 ②生产计划的形式 ③生产计划的写法		
			3) 生产物资的准备 ①种子准备 ②肥料准备 ③生产工具准备 ④农药准备		
	3-2 技术评估	农业技术评估方法及综合评价方法	1) 与农业相关的常用技术评估方法 ①经济技术分析法 ②运筹学评价法 ③农业环境评价法	(1) 方法：讲授法、讨论法、案例教学法 (2) 重点：农业环境评价法及综合评价方法在农业生产中的应用、技术措施改进方案制订 (3) 难点：与农业相关的运筹学评价法	2
			2) 综合评价方法及其应用 ①不同技术评估方法的有机组合 ②综合评价方法在农业生产中的应用		
			3) 技术措施改进方案制订		

续表

模块	课程	学习单元	课程内容	培训建议	课堂学时
3．技术管理	3-3 信息管理	计算机应用、网络基础及农业信息管理	1）计算机在农业中的应用 ①农业自动化管理 ②农业科学的数据处理 ③农业生产的计算机模型与模拟技术 ④农业计算机专家系统	（1）方法：讲授法、辅助视频法 （2）重点：农业自动化管理以及农业信息的处理 （3）难点：农业生产的计算机模型与模拟技术	2
			2）网络基础及其在农业中的应用 ①计算机网络基础 ②农业生产网络与数据库的建立和使用 ③农业监测控制技术		
			3）农业信息管理 ①农业信息的收集 ②农业信息的处理 ③农业信息的服务		
	3-4 技术开发与总结	（1）田间试验设计与生物统计	1）田间试验设计 ①完全随机试验设计 ②随机区组试验设计 ③裂区试验设计	（1）方法：讲授法、讨论法、案例教学法 （2）重点：田间试验设计及生物统计基础 （3）难点：生物统计基础与常用方法	4
			2）生物统计基础与常用方法 ①概率论基础 ②假设检验 ③方差分析 ④回归分析 ⑤协方差分析		
		（2）试验方案的制订与实施	1）试验方案制订 ①试验项目选择 ②试验因素及水平确定 ③合理设定试验指标 ④遵循试验的唯一差异原则	（1）方法：讲授法、讨论法、案例教学法 （2）重点：试验方案制订与试验实施	2
			2）试验实施 ①制订试验计划 ②试验地准备和区划 ③种子准备		

续表

模块	课程	学习单元	课程内容	培训建议	课堂学时
3．技术管理	3-4 技术开发与总结	（2）试验方案的制订与实施	④播种 ⑤田间管理 ⑥田间观测记载 ⑦收获脱粒 3）试验总结	（3）难点：试验实施	
		（3）成果示范与方法示范	1）成果示范 ①制订示范计划 ②确定示范地点 ③指导与服务 ④设置对照 ⑤观察记载 2）方法示范 ①制订示范计划 ②确定示范内容 ③组织示范 ④实施示范 ⑤方法示范总结	（1）方法：讲授法、案例教学法、实训（练习）法 （2）重点与难点：成果示范与方法示范	2
		（4）作物繁育技术	1）作物的繁殖方式及其育种特点 ①作物的繁殖方式 ②不同繁殖方式作物的育种特点 2）种质资源 ①种质资源概念 ②种质资源工作 3）作物的遗传改良 ①作物品种概念与类型 ②作物遗传改良的任务 ③作物育种目标的内容及制定原则 4）传统作物育种方法 ①引种 ②选择育种 ③杂交育种 ④杂种优势利用 ⑤远缘杂交育种与染色体工程	（1）方法：讲授法、讨论法、案例教学法 （2）重点：作物的繁殖方式及其育种特点、传统作物育种方法	10

续表

模块	课程	学习单元	课程内容	培训建议	课堂学时
3. 技术管理	3-4 技术开发与总结	(4) 作物繁育技术	5) 现代育种技术 ①作物生物技术的概念及范畴 ②植物组织培养技术与细胞工程育种 ③植物转基因育种 ④分子设计、标记辅助选择与聚合育种 ⑤传统育种与现代育种的关系	(3) 难点：现代育种技术	
		(5) 农业实用技术推广及应用文写作	1) 农业实用技术科普宣传与推广 ①农业实用技术科普材料的撰写 ②农业实用技术科普讲义制作 ③农业实用技术科普材料讲授	(1) 方法：讲授法、讨论法、案例教学法、实训（练习）法 (2) 重点：农业实用技术科普材料讲授 (3) 难点：农业生产总结报告撰写	2
			2) 农业生产总结报告撰写 ①技术报告撰写 ②工作报告撰写 ③论文撰写		
4. 培训指导	4-1 技术培训	初级工、中级工、高级工培训计划与培训材料准备	1) 培训计划编制与培训 ①初级工培训计划编制 ②中级工培训计划编制 ③高级工培训计划编制 ④培训技能训练	(1) 方法：讲授法、讨论法、案例教学法、实训（练习）法 (2) 重点：培训计划编制与培训、培训材料制定 (3) 难点：初级工、中级工、高级工培训	2
			2) 培训材料制定 ①初级工培训材料的制定 ②中级工培训材料的制定 ③高级工培训材料的制定		
	4-2 技术示范	农业生产技术示范基地管理及生产技术指导	1) 农业生产技术示范基地管理 ①示范基地初级管理 ②示范基地中级管理 ③示范基地高级管理	(1) 方法：讲授法、案例教学法	2

续表

模块	课程	学习单元	课程内容	培训建议	课堂学时
4．培训指导	4-2 技术示范	农业生产技术示范基地管理及生产技术指导	2）农业生产技术指导 ①初级工生产技术指导 ②中级工生产技术指导 ③高级工生产技术指导	（2）重点：农业生产技术示范基地管理 （3）难点：农业生产技术指导	
课堂学时合计					75

2.2.6 一级／高级技师职业技能培训课程规范

模块	课程	学习单元	课程内容	培训建议	课堂学时
1．田间管理	1-1 肥水管理	（1）植物细胞与生物大分子基础知识	1）植物细胞及其组分 ①细胞与生物分子 ②细胞壁与生物膜 ③植物细胞的亚微结构 2）植物生物大分子 ①糖类 ②脂类 ③核酸 ④蛋白质 3）生命催化剂——酶 ①酶的概述 ②酶作用的特点 ③酶的组成与作用机理 ④酶促反应的动力学 4）植物细胞的功能 ①植物细胞原生质的性质 ②植物细胞的阶段性与全能性 ③植物细胞的基因表达与功能的统一	（1）方法：讲授法、讨论法、辅助视频法 （2）重点：植物细胞及其组分、植物生物大分子及植物细胞的功能 （3）难点：生命催化剂——酶	4
		（2）作物代谢的生理生化	1）作物水分代谢 ①作物对水分的需要 ②细胞对水分的吸收与运转 ③根系吸水与水分向上运输 ④蒸腾作用 ⑤水分平衡与合理灌溉	（1）方法：讲授法、讨论法、辅助视频法	8

续表

模块	课程	学习单元	课程内容	培训建议	课堂学时
1. 田间管理	1-1 肥水管理	(2) 作物代谢的生理生化	2) 作物的矿质和氮素营养 ①作物体内的必需元素 ②作物细胞对矿质元素的吸收 ③作物对矿质元素的吸收和利用 ④矿质营养与合理施肥 3) 光合作用 ①光合作用的概念及意义 ②叶绿体及光合色素 ③作物对光能的吸收与转换 ④光合碳同化 ⑤光能利用率及其影响因素 4) 呼吸作用 ①呼吸作用概述 ②呼吸底物的氧化途径 ③电子传递与氧化磷酸化 ④呼吸作用的影响因素与生产实践 5) 有机物的转化、运输与分配 ①作物体内有机物的转化 ②有机物运输的途径与机理 ③有机物的分配与调节	(2) 重点：作物水分代谢、作物的矿质和氮素营养、光合作用、呼吸作用 (3) 难点：有机物的转化、运输与分配	
		(3) 作物发育的生理生化	1) 作物的生长和运动 ①作物生长与分化 ②生长分析与作物运动 ③种子萌发与幼苗生长 ④作物生长相关性 2) 作物的生殖生理 ①作物的营养生长与生殖生长 ②春化作用 ③光周期现象 ④花芽分化与受精生理	(1) 方法：讲授法、讨论法、辅助视频法 (2) 重点：作物的生殖生理、作物的成熟和衰老	4

续表

模块	课程	学习单元	课程内容	培训建议	课堂学时
1．田间管理	1-1 肥水管理	（3）作物发育的生理生化	3）作物的成熟和衰老 ①种子发育成熟的生理生化 ②作物的休眠 ③果实成熟的生理生化 ④作物的衰老 ⑤作物器官的脱落	（3）难点：作物生长相关性	
		（4）测土配方施肥	1）测土配方施肥实施规范 ①肥料效应田间试验 ②土壤样品分析 ③作物样品分析 ④肥料配方设计 ⑤配方肥料合理施用 2）基于计算机的施肥决策 ①计算机决策施肥原理 ②计算机决策施肥实施步骤	（1）方法：讲授法、讨论法、辅助视频法 （2）重点：配方肥料合理施用及计算机决策施肥实施步骤 （3）难点：肥料效应田间试验及计算机决策施肥原理	4
		（5）作物需水规律以及与环境的关系	1）作物需水规律 ①水分对作物生长发育的作用 ②作物不同物候期对水分的需要量变化 ③作物生长发育的需水临界期 2）作物需水与环境因素的关系 ①土壤条件 ②气象条件 ③田间管理措施	（1）方法：讲授法、讨论法、案例教学法 （2）重点：作物需水规律 （3）难点：作物需水与环境因素的关系	2
	1-2 病虫草鼠害防治	作物病虫草鼠害预测预报及综合防治	1）作物病虫草鼠害预测预报 ①作物病虫草鼠害预测预报基础 ②作物常见病虫草鼠害田间调查方法	（1）方法：讲授法、讨论法、案例教学法	2

续表

模块	课程	学习单元	课程内容	培训建议	课堂学时
1．田间管理	1-2 病虫草鼠害防治	作物病虫草鼠害预测预报及综合防治	2）作物病虫草鼠害综合防治 ①农业经营措施 ②物理防治 ③生物防治 ④化学防治 ⑤植物检疫防治	（2）重点：作物病虫草鼠害预测预报 （3）难点：作物病虫草鼠害综合防治	
	1-3 中低产田改良	（1）土壤化验与分析	1）土壤化验 ①物理性质 ②化学性质 2）土壤肥力质量指标与评价 ①描述性指标 ②分析性指标 ③作物产量指标 ④生态过程指标 ⑤作物高产的土壤限制因素分析	（1）方法：讲授法、讨论法 （2）重点：土壤肥力质量指标与评价 （3）难点：作物高产的土壤限制因素分析	2
		（2）土壤改良方法	1）物理改良技术 2）化学改良技术 3）生物改良技术	（1）方法：讲授法、讨论法 （2）重点：化学改良技术和生物改良技术 （3）难点：生物改良技术	2
	1-4 自然灾害补救	（1）常见自然灾害及其预防技术	1）灾害发生规律与特征 ①地质灾害发生规律与特征 ②气象灾害发生规律与特征 ③生物生态灾害发生规律与特征 2）常见灾情调查方法 ①地质灾害的调查方法 ②气象灾害的调查方法 ③生物生态灾害的调查方法	（1）方法：讲授法、案例教学法、辅助视频法 （2）重点：常见灾情调查方法、地质和气象灾害及其预防技术	3

续表

模块	课程	学习单元	课程内容	培训建议	课堂学时
1. 田间管理	1-4 自然灾害补救	（1）常见自然灾害及其预防技术	3）自然灾害及其预防技术 ①地质灾害及其预防技术 ②气象灾害及其预防技术 ③生物生态灾害及其预防技术	（3）难点：生物生态灾害及其预防技术	2
		（2）灾害性天气及其补救措施	1）灾害性天气发生规律与特征 ①寒潮和霜冻发生规律与特征 ②低温冷害发生规律与特征 ③冰雹发生规律与特征 ④干热风和干旱发生规律与特征 ⑤洪涝发生规律与特征	（1）方法：讲授法、案例教学法、辅助视频法 （2）重点：灾害性天气发生规律与特征 （3）难点：灾害性天气补救措施	
			2）灾害性天气补救措施 ①寒潮和霜冻补救措施 ②低温冷害补救措施 ③冰雹补救措施 ④干热风和干旱补救措施 ⑤洪涝补救措施		
2. 技术管理	2-1 编制生产计划	（1）农产品市场前景预测及作物种植结构	1）农产品市场预测方法 ①调查分析法 ②经验估计法 ③统计分析法	（1）方法：讲授法、讨论法、案例教学法、实训（练习）法 （2）重点：作物种植结构方案制订及其市场前景分析 （3）难点：农产品市场预测方法	2
			2）作物种植结构 ①全国不同地区作物种植结构 ②作物种植结构方案制订及其市场前景分析		
		（2）农产品质量安全	1）农产品质量安全的有关概念 2）无公害农药安全使用 ①施药方法 ②安全使用原则	（1）方法：讲授法、案例教学法、演示法、讨论法	4

续表

模块	课程	学习单元	课程内容	培训建议	课堂学时
2. 技术管理	2-1 编制生产计划	(2) 农产品质量安全	3) 农产品质量安全生产技术 ①农产品质量安全生产的影响因素与要求 ②无公害农产品安全生产技术 ③绿色农产品安全生产关键技术 ④有机农产品安全生产关键技术	(2) 重点与难点：农产品质量安全生产技术	
		(3) 优势农产品布局及农产品质量安全标准	1) 符合国家计划的优势农产品布局 2) 农产品质量安全标准 ①农产品产地 ②农产品生产 ③农产品包装与标识 3) 农作物种植计划制订 ①目标与任务 ②建设地点与规模 ③主要建设内容 ④工作技术措施	(1) 方法：讲授法、讨论法、案例教学法、情景模拟法 (2) 重点：农作物种植计划制订 (3) 难点：符合国家计划的优势农产品布局	2
	2-2 技术开发与总结	(1) 作物试验研究	1) 作物试验方法 ①田间试验法 ②室内培养试验法 2) 作物研究方法 ①统计分析 ②调查研究 ③模型预测与分析	(1) 方法：讲授法、案例教学法 (2) 重点：田间试验法 (3) 难点：模型预测与分析	2
		(2) 作物品种提纯复壮与作物杂交制种	1) 作物品种提纯复壮 2) 作物杂交制种 ①种内杂交 ②远缘杂交	(1) 方法：讲授法、案例教学法 (2) 重点与难点：作物品种提纯复壮及杂交制种	2
		(3) 常见学术论文撰写方法	1) 综述类论文的撰写 ①引言 ②正文 ③总结 ④参考文献	(1) 方法：讲授法、讨论法、案例教学法、实训（练习）法	2

续表

模块	课程	学习单元	课程内容	培训建议	课堂学时
2.技术管理	2-2 技术开发与总结	(3) 常见学术论文撰写方法	2) 试验类论文的撰写 ①前言 ②材料与方法 ③结果与分析 ④讨论与结论 ⑤参考文献	(2) 重点：试验类论文的撰写 (3) 难点：综述类论文的撰写	
3.培训指导	3-1 技术培训	(1) 高级工和技师培训计划的编制与培训方法	1) 高级工培训计划编制与培训方法 ①高级工培训计划编制 ②高级工培训方法 2) 技师培训计划编制与培训方法 ①技师培训计划编制 ②技师培训方法	(1) 方法：讲授法、讨论法、案例教学法 (2) 重点：培训方法 (3) 难点：培训计划编制	2
3.培训指导	3-1 技术培训	(2) 高级工和技师培训资料、实验用材的准备	1) 高级工培训资料的编制与实验用材的准备 ①高级工培训资料的编制 ②高级工实验用材的准备 2) 技师培训资料的编制与实验用材的准备 ①技师培训资料的编制 ②技师实验用材的准备	(1) 方法：讲授法、讨论法、案例教学法 (2) 重点与难点：培训资料的编制与实验用材的准备	2
3.培训指导	3-2 技术指导	作物生产实验及实训示范方法	1) 作物生产实验示范方法 ①生产实验设计方法 ②生产实验统计方法 2) 作物生产技术实训示范方法 ①良种繁育技术实训示范 ②种植制度技术实训示范 ③土壤耕作技术实训示范 ④大田管理技术实训示范 ⑤作物病虫害观察防治技术实训示范	(1) 方法：讲授法、讨论法、情景模拟法 (2) 重点：生产实验设计方法 (3) 难点：作物生产技术实训示范方法	4
课堂学时合计					55

2.2.7 培训建议中培训方法说明

1．讲授法

讲授法是指教师主要运用语言表述，系统地向学员传授知识，传播思想理念的教学方法。即教师通过叙述、描绘、解释、推论来传递信息，传授知识，阐明概念，论证定律和公式，引导学员获取知识，认识和分析问题。

2．讨论法

讨论法是指在教师的指导下，学员以班级或小组为单位，围绕学习单元的内容，对某一专题进行深入探讨，通过讨论或辩论，从而获得知识或巩固知识的一种教学方法，要求教师在讨论结束时对讨论的主题做归纳性总结。

3．实训（练习）法

实训（练习）法是指教学中通过模拟实际工作环境，用实际案例，理论联系实践，通过学员参与式学习，让学员巩固知识、运用知识，形成技能技巧，在较短的时间内在专业技能、实践经验、工作方法、团队合作等方面都有所提高的教学方法。

4．演示法

演示法是指在教学过程中，教师通过展示各种实物、教具，进行示范性实验，使学员获得知识、技能的教学方法。教学中，教师对操作内容进行现场演示，边操作边讲解，强调操作的关键步骤和注意事项，让学员边学边做，理论与技能并重，师生互动，提高学生的学习兴趣和学习效率。

5．案例教学法

案例教学法是围绕培训目的把实际中真实的情景加以典型化处理，形成供学员思考分析和决断的案例，通过案例分析，提出问题，分析问题，找到解决问题的途径和手段，提高学员分析问题和解决问题能力的教学方法。

6．情景模拟法

情景模拟法是指教师根据培训内容，事先准备和布置培训现场，并设定情景表演的情景、对话内容及评估标准，通过学员现场的情景模拟活动以及教师对活动效果的及时评估，达到培训预期效果的教学方法。

7．辅助视频法

辅助视频法是辅助课堂教学的一种教学方法。教师通过播放网络微视频、自制短视频等视频，加深学员对所学知识点的印象，达到巩固所学知识的目的。

2.3 考核规范

2.3.1 职业基本素质培训考核规范

考核范围	考核比重（%）	考核内容	考核比重（%）	考核单元
1．职业道德	3	1-1 职业认知	1	职业认知
		1-2 职业道德基本认知	1	职业道德基本认知
		1-3 职业守则	1	职业守则
2．农业专业知识	76	2-1 土壤和肥料基础知识	16	（1）土壤基础知识
				（2）作物与营养
				（3）施肥技术
		2-2 农业气象知识	16	（1）光照对农业生产的影响
				（2）温度对农业生产的影响
				（3）水分对农业生产的影响
				（4）空气对农业生产的影响
				（5）农业技术措施的小气候效应
		2-3 作物栽培知识	13	（1）播前准备技术
				（2）播种技术
				（3）田间管理技术
				（4）产品收获管理技术
		2-4 植物保护知识	13	（1）有害生物及其防治策略
				（2）植物病害与防治
				（3）植物虫害与防治
				（4）植物草害的防治以及专家系统的应用
		2-5 收获和储藏基础知识	3	产品的收获、处理与储藏
		2-6 农田灌溉知识	6	合理灌溉及排水技术

续表

考核范围	考核比重（%）	考核内容	考核比重（%）	考核单元
2．农业专业知识		2-7 农业机械基础知识	3	农业机械概述及类型特性
		2-8 农业环境与保护基础知识	6	农业环境污染及其防治
3．农业安全知识	18	3-1 农业机械、器具安全使用知识	3	农业机械、器具安全使用与维护保养
		3-2 安全使用肥料知识	3	安全使用肥料
		3-3 安全用电知识	3	安全用电技术
		3-4 安全使用农药知识	6	农药的安全使用
		3-5 农产品质量安全知识	3	农产品质量安全
4．相关法律、法规知识	3	相关法律、法规知识	3	相关法律、法规知识

2.3.2 五级／初级职业技能培训理论知识考核规范

考核范围	考核比重（%）	考核内容	考核比重（%）	考核单元
1．播前准备	21	1-1 土地准备	5	（1）土壤耕作及播前灌溉
				（2）轮作倒茬与基肥的施用
		1-2 农资准备	5	（1）肥料的选择与储藏
				（2）种子知识
				（3）农药的选择与准备
		1-3 育苗	11	（1）育苗场地与育苗设施、设备的选择
				（2）育苗基质、设施消毒
				（3）苗床的准备
				（4）基质和营养液的配制
				（5）种子处理与播种技术
				（6）幼苗管理

续表

考核范围	考核比重（%）	考核内容	考核比重（%）	考核单元
2．播种	14	2-1 整地	5	(1) 土壤结构
				(2) 整地方法
				(3) 灌溉与排水技术
				(4) 除草剂的喷施
		2-2 直播	5	播种方式和方法
		2-3 移栽	4	苗木移栽技术
3．田间管理	51	3-1 耕作管理	12	中耕、除草、起垄培土及作业质量检查
		3-2 肥水管理	13	肥水管理
		3-3 植株管理	13	(1) 间苗、定苗、补苗、整枝
				(2) 植物生长调节剂施用
		3-4 病虫草害防治	13	(1) 农药的保管与药械的使用与清洗
				(2) 农药防治病虫草鼠害
4．收获管理	14	4-1 收获	5	作物成熟、收获及田间清理
		4-2 整理	5	产品的整理与包装
		4-3 储藏	4	产品储藏及仓库病虫鼠害的防治

2.3.3 五级/初级职业技能培训操作技能考核规范

考核范围	考核比重（%）	考核内容	考核比重（%）	考核形式	选考方式	考核时间（分钟）	重要程度
1．播前准备	15	1-1 土地准备	4	实操	必考	20	X
		1-2 农资准备	3	实操	必考		X
		1-3 育苗	8	实操	必考		X
2．播种	20	2-1 整地	6	实操	必考	25	X
		2-2 直播	8	实操	必考		X
		2-3 移栽	6	实操	必考		X

续表

考核范围	考核比重（%）	考核内容		考核比重（%）	考核形式	选考方式	考核时间（分钟）	重要程度
3. 田间管理	50	3-1	耕作管理	8	实操	必考	60	X
		3-2	肥水管理	14	实操	必考		X
		3-3	植株管理	14	实操	必考		X
		3-4	病虫草鼠害防治	14	实操	必考		X
4. 收获管理	15	4-1	收获	6	实操	选考	15	Y
		4-2	整理	6	实操	选考		Y
		4-3	储藏	3	实操	选考		Y

重要程度说明：
"X"表示核心要素，是鉴定中最重要、出现频率最高的内容，具有必备性、典型性特点。
"Y"表示一般要素，是鉴定中一般重要的内容。

2.3.4 四级／中级职业技能培训理论知识考核规范

考核范围	考核比重（%）	考核内容		考核比重（%）	考核单元
1. 播前准备	20	1-1	土地准备	6	（1）基肥的选择与使用
					（2）合理灌溉技术
					（3）除草剂的选配和使用
		1-2	农资准备	6	（1）施肥技术
					（2）常用肥料外观质量鉴定
					（3）种子知识
					（4）作物品种的选择
					（5）农药基础知识
					（6）农药质量鉴别
		1-3	育苗	8	（1）苗床的整修与育苗设施的维护
					（2）作物与营养
					（3）育苗基质的配制与消毒
					（4）育苗面积的确定
					（5）种子的清选与处理
					（6）幼苗的管理及苗期技术调查

续表

考核范围	考核比重（%）	考核内容	考核比重（%）	考核单元
2．播种	13	2-1 整地	6	（1）土壤耕作及农机具的选择与使用
				（2）排水沟、灌水沟的布局
		2-2 直播	4	播种技术
		2-3 移栽	3	苗木的移栽及作业质量检查
3．田间管理	54	3-1 耕作管理	12	作业质量检查
		3-2 肥水管理	14	（1）作物生育时期与主要作物需肥特性
				（2）施肥技术
				（3）合理灌溉技术
				（4）土壤样品的采集
		3-3 植株管理	14	（1）合理密植
				（2）作物的营养生长、生殖生长以及器官生长的相关性
				（3）植物生长调节剂的选择与使用
		3-4 病虫草鼠害防治	14	（1）病害防治
				（2）虫害、鼠害防治
				（3）草害防治
				（4）农药的使用与药械维护
4．收获管理	13	4-1 收获	6	（1）产品的收获及品质鉴定
				（2）秸秆还田技术
		4-2 整理	4	产品的处理和检测
		4-3 储藏	3	产品的储藏管理

2.3.5 四级／中级职业技能培训操作技能考核规范

考核范围	考核比重（%）	考核内容	考核比重（%）	考核形式	选考方式	考核时间（分钟）	重要程度
1．播前准备	15	1-1 土地准备	5	实操	必考	20	X
		1-2 农资准备	5	实操	必考		X
		1-3 育苗	5	实操	必考		X

续表

考核范围	考核比重（%）	考核内容	考核比重（%）	考核形式	选考方式	考核时间（分钟）	重要程度
2．播种	20	2-1 整地	6	实操	必考	25	X
		2-2 直播	8	实操	必考		X
		2-3 移栽	6	实操	必考		X
3．田间管理	45	3-1 耕作管理	9	实操	必考	55	X
		3-2 肥水管理	12	实操	必考		X
		3-3 植株管理	12	实操	必考		X
		3-4 病虫草鼠害防治	12	实操	必考		X
4．收获管理	20	4-1 收获	10	实操	选考	20	Y
		4-2 整理	6	实操	选考		Y
		4-3 储藏	4	实操	选考		Y

2.3.6 三级／高级职业技能培训理论知识考核规范

考核范围	考核比重（%）	考核内容	考核比重（%）	考核单元
1．育苗	12	1-1 苗情诊断	7	（1）作物主要病害的诊断及防治
				（2）作物主要虫害的诊断及防治
				（3）作物苗情诊断技术
		1-2 幼苗管理	5	影响作物生长的环境因素及环境调控措施
2．田间管理	44	2-1 肥水管理	18	（1）作物的营养诊断及作物常见营养失调症状
				（2）常用肥料的质量鉴定
				（3）作物需水与灌溉
		2-2 植株管理	13	（1）常见作物的植株管理
				（2）作物生长发育调控技术
		2-3 病虫草鼠害防治	13	（1）病虫草鼠害的调查与统计
				（2）常用剂型农药的配制
				（3）农药安全使用
				（4）农药中毒及救护

续表

考核范围	考核比重（%）	考核内容	考核比重（%）	考核单元
3．收获管理	12	3-1 收获	6	（1）作物成熟期鉴定和产量估算
				（2）残茬处理及茬口安排
		3-2 储藏	6	（1）产品储藏
				（2）仓库病虫鼠害的防治
4．技术指导	32	4-1 拟订生产计划	19	（1）耕作制度
				（2）年度种植计划的拟订
		4-2 技术示范	13	作物栽培管理及生产技术操作示范

2.3.7 三级/高级职业技能培训操作技能考核规范

考核范围	考核比重（%）	考核内容	考核比重（%）	考核形式	选考方式	考核时间（分钟）	重要程度
1．育苗	15	1-1 苗情诊断	8	实操	必考	20	X
		1-2 幼苗管理	7	实操	必考		X
2．田间管理	40	2-1 肥水管理	20	实操	必考	50	X
		2-2 植株管理	10	实操	必考		X
		2-3 病虫草鼠害防治	10	实操	必考		X
3．收获管理	20	3-1 收获	10	实操	选考	20	Y
		3-2 储藏	10	实操	选考		Y
4．示范指导	25	4-1 拟订生产计划	15	实操	必考	30	X
		4-2 技术示范	10	实操	必考		X

2.3.8 二级/技师职业技能培训理论知识考核规范

考核范围	考核比重（%）	考核内容	考核比重（%）	考核单元
1．育苗	12	1-1 苗情诊断	6	苗期常见病虫害的识别与综合防治
		1-2 幼苗管理	6	（1）幼苗管理技术
				（2）苗期管理

续表

考核范围	考核比重（%）	考核内容	考核比重（%）	考核单元
2．田间管理	36	2-1 肥水管理	12	（1）作物营养学基础
				（2）土壤肥料及灌溉
				（3）作物各生育时期的看苗诊断和肥水管理
				（4）作物节水灌溉技术与抗旱栽培技术
				（5）土壤基础知识
				（6）施肥方案的制订
		2-2 植株管理	12	作物生长发育基本特性及调控技术
		2-3 病虫草鼠害防治	12	（1）常见作物病虫害发生规律与特征
				（2）常见作物杂草和鼠害发生规律与特征
				（3）病虫草鼠害的调查与统计
3．技术管理	29	3-1 编制生产计划	6	（1）作物生态学基本过程及轮作
				（2）生态因素及作物的生态适应性
				（3）农业生产和气象因素的关系及土壤类型和分布
				（4）农业经营管理理论与实践
				（5）农业生产计划的制订及物资准备
		3-2 技术评估	6	农业技术评估方法及综合评价方法
		3-3 信息管理	6	计算机应用、网络基础及农业信息管理
		3-4 技术开发与总结	11	（1）田间试验设计与生物统计
				（2）试验方案的制订与实施
				（3）成果示范与方法示范
				（4）作物繁育技术
				（5）农业实用技术推广及应用文写作
4．培训指导	23	4-1 技术培训	13	初级、中级、高级工培训计划与培训材料准备
		4-2 技术示范	10	农业生产技术示范基地管理及生产技术指导

2.3.9 二级/技师职业技能培训操作技能考核规范

考核范围	考核比重（%）	考核内容		考核比重（%）	考核形式	选考方式	考核时间（分钟）	重要程度
1．育苗	15	1-1	苗情诊断	8	实操	必考	20	X
		1-2	幼苗管理	7	实操	必考		X
2．田间管理	35	2-1	肥水管理	13	实操	必考	40	X
		2-2	植株管理	10	实操	必考		X
		2-3	病虫草鼠害防治	12	实操	必考		X
3．技术管理	30	3-1	编制生产计划	8	考试	必考	35	X
		3-2	技术评估	8	实操	必考		X
		3-3	信息管理	5	实操	必考		Y
		3-4	技术开发与总结	9	考试	必考		X
4．培训指导	20	4-1	技术培训	10	实操	必考	25	X
		4-2	技术示范	10	实操	必考		X

2.3.10 一级/高级技师职业技能培训理论知识考核规范

考核范围	考核比重（%）	考核内容	考核比重（%）	考核单元
1．田间管理	28	1-1 肥水管理	10	（1）植物细胞与生物大分子基础知识
				（2）作物代谢的生理生化
				（3）作物发育的生理生化
				（4）测土配方施肥
				（5）作物需水规律以及与环境的关系
		1-2 病虫草鼠害防治	10	作物病虫草鼠害预测预报及综合防治
		1-3 中低产田改良	5	（1）土壤化验与分析
				（2）土壤改良方法
		1-4 自然灾害补救	3	（1）常见自然灾害及其预防技术
				（2）灾害性天气及其补救措施

续表

考核范围	考核比重（%）	考核内容	考核比重（%）	考核单元
2．技术管理	44	2-1 编制生产计划	22	（1）农产品市场前景预测及作物种植结构
				（2）农产品质量安全
				（3）优势农产品布局及农产品质量安全标准
		2-2 技术开发与总结	22	（1）作物试验研究
				（2）作物品种提纯复壮与作物杂交制种
				（3）常见学术论文撰写方法
3．培训指导	28	3-1 技术培训	15	（1）高级工和技师培训计划的编制与培训方法
				（2）高级工和技师培训资料、实验用材的准备
		3-2 技术指导	13	作物生产实验及实训示范方法

2.3.11 一级/高级技师职业技能培训操作技能考核规范

考核范围	考核比重（%）	考核内容	考核比重（%）	考核形式	选考方式	考核时间（分钟）	重要程度
1．田间管理	30	1-1 肥水管理	8	实操	必考	35	X
		1-2 病虫草鼠害防治	8	实操	必考		X
		1-3 中低产田改良	7	实操	必考		X
		1-4 自然灾害补救	7	实操	必考		Y
2．技术管理	45	2-1 编制生产计划	20	实操	必考	55	X
		2-2 技术开发与总结	25	考试	必考		X
3．培训指导	25	3-1 技术培训	15	实操	必考	30	X
		3-2 技术指导	10	实操	必考		X

附录

培训要求与课程规范对照表

附录

附录1 职业基本素质培训要求与课程规范对照表

2.1.1 职业基本素质培训要求			2.2.1 职业基本素质培训课程规范			
职业基本素质模块（模块）	培训内容（课程）	培训细目	学习单元	课程内容	培训建议	课堂学时
1. 职业道德	1-1 职业认知	(1) 农艺工简介 (2) 农艺工工作内容	职业认知、道德与守则	1) 农业认知 2) 农艺工职业认知 ①职业定义 ②工作内容 ③职业发展现状	(1) 方法：讲授法、案例教学法、讨论法 (2) 重点：农艺工职业认知 (3) 难点：农艺工职业道德规范和职业守则的遵守	1
	1-2 职业道德基本认知	(1) 道德修养 (2) 职业道德修养 (3) 农艺工职业道德规范		3) 职业道德 4) 农艺工职业守则		
	1-3 职业守则	农艺工职业守则				
2. 农业专业知识	2-1 土壤和肥料基础知识	(1) 土壤和土壤耕作技术 (2) 土壤性质及其对作物的影响 (3) 作物与营养	(1) 土壤基础知识	1) 土壤与土壤肥力 ①土壤概念及组成 ②土壤肥力 2) 土壤主要性质 ①土壤的理化性质 ②土壤有机质 ③土壤养分 3) 土壤耕作 ①土壤基本耕作 ②表土耕作 ③少耕和免耕	(1) 方法：讲授法、案例教学法 (2) 重点：土壤主要性质及土壤基本耕作 (3) 难点：土壤肥力与土壤养分	1
			(2) 作物与营养	1) 作物必需的营养元素 2) 作物必需的矿质营养元素及缺素症状 ①大量营养元素及缺素症状 ②微量营养元素及缺素症状 3) 作物的需肥规律 ①作物的需肥量 ②作物营养的阶段性 ③作物营养的临界期和营养最大效率期 4) 作物的有机养分	(1) 方法：讲授法、案例教学法、讨论法、辅助视频法 (2) 重点：作物必需的矿质营养元素的生理作用及缺素症状 (3) 难点：作物的需肥规律	2

续表

2.1.1 职业基本素质培训要求			2.2.1 职业基本素质培训课程规范			
职业基本素质模块（模块）	培训内容（课程）	培训细目	学习单元	课程内容	培训建议	课堂学时
2. 农业专业知识	2-1 土壤和肥料基础知识	（4）施肥基础知识	（3）施肥技术	1）肥效的影响因素及提高途径 ①肥效的影响因素 ②提高肥效的途径	（1）方法：讲授法、案例教学法、讨论法 （2）重点：肥效的影响因素、提高途径以及施肥方法 （3）难点：合理施肥原则以及施肥时期的选择	2
				2）合理施肥原则 ①有机肥和无机肥相结合 ②氮、磷、钾肥配合施用 ③大量营养元素与微量营养元素配合施用 ④基肥、种肥、追肥配合施用		
				3）肥料种类与特性 ①化学肥料 ②有机肥料 ③生物肥料 ④绿肥		
				4）施肥时期 ①种肥 ②追肥		
				5）施肥方法 ①冲施 ②撒施 ③条施追肥 ④埋施 ⑤设施追施 ⑥根外追肥		
	2-2 农业气象知识	（1）光照与农业生产 （2）温度与农业生产	（1）光照对农业生产的影响	1）光照强度对作物的影响 ①光照强度与作物的光合作用 ②光照强度对作物生长发育的影响	（1）方法：讲授法、案例教学法、讨论法 （2）重点与难点：光照强度对作物生长发育的影响以及光周期理论在生产中的应用	1
				2）光照时间对作物的影响 ①光周期现象和作物光周期类型 ②光周期理论在生产中的应用		
			（2）温度对农业生产的影响	1）生长发育的温度要求 ①温度三基点 ②温度临界期与农业界限温度	（1）方法：讲授法、案例教学法、讨论法	1

续表

2.1.1 职业基本素质培训要求			2.2.1 职业基本素质培训课程规范			
职业基本素质模块（模块）	培训内容（课程）	培训细目	学习单元	课程内容	培训建议	课堂学时
2. 农业专业知识	2-2 农业气象知识	（3）水分与农业生产 （4）空气与农业生产	（2）温度对农业生产的影响	2）温度对作物的影响 ①温度对作物生长的影响 ②温度对作物发育的影响 ③温度对作物产量和品质的影响	（2）重点：生长发育的温度要求、温度对作物的影响 （3）难点：温度逆境对作物的危害及防御措施	
				3）温度逆境对作物的危害及防御措施 ①低温对作物的危害 ②高温对作物的危害 ③对逆境温度的防御措施		
			（3）水分对农业生产的影响	1）作物对水分的需求特点 ①水与作物生长及产量的关系 ②作物的需水量和需水临界期	（1）方法：讲授法、案例教学法、讨论法 （2）重点：作物对水分的需求特点以及提高作物水分利用效率的途径 （3）难点：水分逆境对作物的危害	1
				2）水分逆境对作物的影响 ①干旱对作物的影响和作物的抗旱性 ②涝害对作物的影响 ③水污染对作物的影响		
				3）提高作物水分利用效率 ①水分利用效率 ②提高水分利用效率的途径		
			（4）空气对农业生产的影响	1）作物与氧气的关系 ①作物的呼吸作用 ②氧气与作物的呼吸作用	（1）方法：讲授法、案例教学法 （2）重点：作物与氧气及二氧化碳的关系 （3）难点：大气环境与作物的关系	1
				2）作物与二氧化碳的关系 ①田间二氧化碳浓度的变化和二氧化碳平衡 ②二氧化碳浓度与作物产量		
				3）作物与氮气的关系		
				4）大气环境与作物的关系		
				5）风速对作物的影响		

续表

2.1.1 职业基本素质培训要求			2.2.1 职业基本素质培训课程规范			
职业基本素质模块（模块）	培训内容（课程）	培训细目	学习单元	课程内容	培训建议	课堂学时
2. 农业专业知识	2-2 农业气象知识	（5）农业技术措施的小气候效应	（5）农业技术措施的小气候效应	1) 耕作措施的小气候效应 ①耕翻与镇压 ②垄作 2) 栽培措施的小气候效应 ①种植行向 ②种植密度 ③间作套种 3) 覆盖的小气候效应 ①温室 ②地膜覆盖	（1）方法：讲授法、案例教学法 （2）重点：栽培措施以及覆盖的小气候效应 （3）难点：耕作措施的小气候效应	1
	2-3 作物栽培知识	（1）播前准备 （2）播种	（1）播前准备技术	1) 农资准备 ①肥料 ②种子 ③农药 2) 土地准备 ①播前灌溉 ②土地耕翻 ③基肥施用 3) 育苗 ①育苗设施准备 ②基质准备与消毒 ③苗床的准备 ④种子处理 ⑤苗木调查	（1）方法：讲授法、讨论法、案例教学法、演示法 （2）重点：土地和苗床的准备 （3）难点：育苗中的种子处理	1
			（2）播种技术	1) 整地 ①平整土地 ②起垄、作畦 ③开排水沟、灌水沟 ④铺设节水设备 2) 直播 ①计算播种量的方法 ②确定播种方法 ③确定播种深度及覆土厚度 3) 移栽 ①开沟或穴 ②移栽时间 ③移栽深度 ④移栽密度 ⑤栽后管理	（1）方法：讲授法、案例教学法、演示法、讨论法 （2）重点：直播和移栽 （3）难点：播种深度及覆土厚度的确定	2

附录

续表

2.1.1 职业基本素质培训要求			2.2.1 职业基本素质培训课程规范			
职业基本素质模块（模块）	培训内容（课程）	培训细目	学习单元	课程内容	培训建议	课堂学时
2. 农业专业知识	2-3 作物栽培知识	（3）田间管理 （4）收获管理	（3）田间管理技术	1）耕作管理 ①中耕 ②保墒 ③松土、除草 ④起垄、培土	（1）方法：讲授法、案例教学法、演示法、讨论法 （2）重点：肥水管理和植株管理 （3）难点：病虫草鼠害防治	2
				2）肥水管理 ①施肥 ②灌溉		
				3）植株管理 ①间苗、定苗 ②整枝 ③喷施生长调节剂		
				4）病虫草鼠害防治 ①病害防治 ②虫害防治 ③草害防治 ④鼠害防治		
			（4）产品收获管理技术	1）收获 ①确定收获时间 ②清理植株残体和杂物	（1）方法：讲授法、案例教学法、演示法 （2）重点：收获时间的确定以及产品的储藏方法 （3）难点：产品整理与包装	1
				2）整理 ①产品整理 ②产品包装		
				3）储藏 ①储藏方法 ②仓库病虫鼠害防治		
	2-4 植物保护知识	（1）有害生物的防治 （2）植物病害的防治	（1）有害生物及其防治策略	1）有害生物及生物灾害	（1）方法：讲授法、讨论法、案例教学法 （2）重点：有害生物及生物灾害对农业生产的威胁 （3）难点：有害生物防治策略	1
				2）有害生物及生物灾害对农业生产的威胁		
				3）有害生物防治策略		
			（2）植物病害与防治	1）植物病害的概念	（1）方法：讲授法、讨论法、案例教学法、辅助视频法	1
				2）植物病害种类及症状 ①植物病害的种类 ②植物病害的症状		

续表

2.1.1 职业基本素质培训要求			2.2.1 职业基本素质培训课程规范			
职业基本素质模块（模块）	培训内容（课程）	培训细目	学习单元	课程内容	培训建议	课堂学时
2. 农业专业知识	2-4 植物保护知识	（3）植物虫害的防治 （4）植物草害的防治 （5）专家系统在植物病虫草害防治中的应用	（2）植物病害与防治	3）植物病害的防治方法 ①植物检疫 ②农业防治 ③生物防治 ④物理防治 ⑤化学防治	（2）重点：植物病害种类及症状、植物病害的防治方法 （3）难点：植物病害的防治方法	
			（3）植物虫害与防治	1）昆虫的特征及危害 ①昆虫的头部及其附器特征及危害 ②昆虫的胸、腹部特征 2）昆虫的主要习性 ①昆虫的假死习性 ②昆虫的趋性 ③昆虫的食性 ④昆虫的群集性 3）昆虫与环境条件 ①气象因素对昆虫的影响 ②土壤因素对昆虫的影响 ③食物因素对昆虫的影响 ④天敌因素对昆虫的影响 4）植物虫害的防治 ①植物检疫 ②农业防治 ③生物防治 ④物理防治 ⑤化学防治	（1）方法：讲授法、讨论法、案例教学法、辅助视频法 （2）重点：昆虫的主要习性、植物虫害的防治 （3）难点：植物虫害的防治	1
			（4）植物草害的防治以及专家系统的应用	1）农田杂草的危害 2）农田杂草的种类 ①农田杂草的生物学特性 ②杂草与环境 ③杂草的传播 3）农田草害的综合防除 ①农业防除 ②生物防除 ③植物检疫 ④化学防除 4）专家系统在植物病虫草害防治中的应用 ①植物病虫草害诊断与鉴别 ②植物病虫草害预测预报 ③植物病虫草害综合防治决策	（1）方法：讲授法、讨论法、案例教学法、辅助视频法 （2）重点：农田杂草的种类、农田草害的综合防除 （3）难点：专家系统在植物病虫草害防治中的应用	1

附录

续表

2.1.1 职业基本素质培训要求			2.2.1 职业基本素质培训课程规范			
职业基本素质模块（模块）	培训内容（课程）	培训细目	学习单元	课程内容	培训建议	课堂学时
2．农业专业知识	2-5 收获和储藏基础知识	(1) 产品收获 (2) 产品处理 (3) 产品储藏	产品的收获、处理与储藏	1）产品收获 ①收获时期 ②收获方法 2）产品处理 ①脱粒 ②干燥 ③去杂 3）产品储藏 ①谷类作物的储藏 ②薯类作物的储藏 ③其他作物的储藏	(1) 方法：讲授法、案例教学法、演示法 (2) 重点：产品收获方法及储藏 (3) 难点：储藏方法的选择	1
	2-6 农田灌溉知识	(1) 作物对水分的需求 (2) 合理灌溉的指标 (3) 节水灌溉方法 (4) 排水技术	合理灌溉及排水技术	1）作物对水分的需求 ①作物对水分的需要量 ②作物不同生育时期对水分的需要量 ③作物的水分临界期 2）合理灌溉指标 ①土壤指标 ②形态指标 ③生理指标 3）节水灌溉技术 ①改进地面灌溉技术 ②喷灌技术 ③滴灌技术 ④膜下滴灌技术 4）排水技术 ①地面排水 ②水平地下排水 ③垂直地下排水	(1) 方法：讲授法、案例教学法、演示法 (2) 重点：作物对水分的需求、灌溉量的确定以及各种节水灌溉技术 (3) 难点：灌溉时期以及灌溉量的确定	2
	2-7 农业机械基础知识	(1) 农业机械概况 (2) 农业机械类型	农业机械概述及类型特性	1）农业机械概述 ①含义 ②重要性 2）农业机械类型及特性 ①土壤耕作机械 ②播种施肥机械 ③育苗移栽机械 ④中耕与植物保护机械 ⑤节水灌溉机械与设备 ⑥谷物收获机械 ⑦谷物清选、干燥和种子加工机械	(1) 方法：讲授法、案例教学法、演示法 (2) 重点：农业机械类型及特性 (3) 难点：农业机械的特性	1

职业基本素质培训要求与课程规范对照表

续表

2.1.1 职业基本素质培训要求			2.2.1 职业基本素质培训课程规范			
职业基本素质模块（模块）	培训内容（课程）	培训细目	学习单元	课程内容	培训建议	课堂学时
2. 农业专业知识	2-8 农业环境与保护基础知识	农业环境污染及其防治	农业环境污染及其防治	1）农业环境问题 ①环境问题的产生 ②农业环境问题类型 2）大气污染及其防治 ①大气污染对农业的影响 ②大气污染防治 3）水体污染及其防治 ①水体污染对农业的影响 ②水体污染防治 4）土壤污染及防治 ①土壤污染概述 ②土壤污染物种类 ③土壤污染防治 5）固体废物处理与利用 ①固体废物对环境的影响 ②固体废物处理与处置 ③农业固体废物利用与转化	（1）方法：讲授法、讨论法、案例教学法 （2）重点：大气污染、水体污染、土壤污染、固体废物对农业的影响 （3）难点：大气污染防治、水体污染防治、土壤污染防治	1
3. 农业安全知识	3-1 农业机械、器具安全使用知识	（1）农机田间作业安全 （2）农机固定作业安全 （3）农机维护保养与安全隐患	农业机械、器具安全使用与维护保养	1）农机田间作业安全技术 2）农机固定作业安全技术 3）农机维护保养与安全隐患消除	（1）方法：讲授法、案例教学法、演示法 （2）重点：农机的安全操作技术 （3）难点：农机安全隐患消除	1
	3-2 安全使用肥料知识	（1）允许使用和禁止使用的肥料种类 （2）合理施肥	安全使用肥料	1）施肥原则 2）允许使用的肥料种类 3）不同类型肥料的合理使用 4）禁止使用的肥料	（1）方法：讲授法、案例教学法、讨论法 （2）重点与难点：不同类型肥料的合理使用	1
	3-3 安全用电知识	（1）用电安全基础知识 （2）电气防火与防爆	安全用电技术	1）用电安全基础知识 ①触电防护技术 ②雷电、静电的安全防护措施 ③触电事故的现场急救 2）电气防火与防爆 ①电气火灾和爆炸形成的原因 ②防止电气火灾和爆炸的安全措施	（1）方法：讲授法、案例教学法、演示法、讨论法 （2）重点：电工作业安全规范、安全工具的使用与维护	1

续表

2.1.1 职业基本素质培训要求			2.2.1 职业基本素质培训课程规范			
职业基本素质模块（模块）	培训内容（课程）	培训细目	学习单元	课程内容	培训建议	课堂学时
3. 农业安全知识	3-3 安全用电知识	（3）电工作业安全规范 （4）安全工具的使用	安全用电技术	3）电工作业安全规范 4）安全工具的使用 ①安全工具术语 ②安全工具的使用与维护	（3）难点：安全工具的使用与维护	
	3-4 安全使用农药知识	（1）正确选购农药 （2）妥善储存与保管农药 （3）安全合理使用农药	农药的安全使用	1）选购农药 ①农药种类 ②选购农药的原则 2）农药的储存与保管 ①管理要求 ②储存环境 ③农药存放要求 3）农药的安全使用 ①农药的配制与防护 ②安全合理施药及防护 ③农药废弃物的安全处理与防护 ④作物药害及其预防	（1）方法：讲授法、案例教学法、演示法、讨论法 （2）重点：农药的储存与保管、农药的安全使用 （3）难点：农药废弃物的安全处理与防护	2
	3-5 农产品质量安全知识	（1）农产品质量安全的有关概念 （2）无公害农药安全使用常识 （3）农产品质量安全生产	农产品质量安全	1）农产品质量安全的有关概念 2）无公害农药安全使用 ①施药方法 ②无公害农药使用原则 3）农产品质量安全生产技术 ①农产品质量安全生产的影响因素与要求 ②无公害农产品安全生产技术 ③绿色农产品安全生产关键技术 ④有机农产品安全生产关键技术	（1）方法：讲授法、案例教学法、演示法、讨论法 （2）重点：无公害农药选择与使用，无公害农产品、绿色农产品以及有机农产品安全生产技术 （3）难点：农产品质量安全生产技术	1
4. 相关法律、法规知识	相关法律、法规知识	（1）《中华人民共和国农业法》相关知识 （2）《中华人民共和国农业技术推广法》相关知识 （3）《中华人民共和国劳动法》相关知识	相关法律、法规知识	1）《中华人民共和国农业法》相关知识 2）《中华人民共和国农业技术推广法》相关知识 3）《中华人民共和国劳动法》相关知识	（1）方法：讲授法、案例教学法	1

续表

2.1.1 职业基本素质培训要求			2.2.1 职业基本素质培训课程规范			
职业基本素质模块（模块）	培训内容（课程）	培训细目	学习单元	课程内容	培训建议	课堂学时
4．相关法律、法规知识	相关法律、法规知识	（4）《中华人民共和国民法典》相关知识 （5）《中华人民共和国种子法》相关知识 （6）《中华人民共和国农产品质量安全法》相关知识 （7）《农药管理条例》相关知识	相关法律、法规知识	4)《中华人民共和国民法典》相关知识 5)《中华人民共和国种子法》相关知识 6)《中华人民共和国农产品质量安全法》相关知识 7)《农药管理条例》相关知识	（2）重点与难点：《中华人民共和国种子法》《中华人民共和国农产品质量安全法》相关知识	
课堂学时合计						33

附录2　五级／初级职业技能培训要求与课程规范对照表

2.1.2 五级／初级职业技能培训要求				2.2.2 五级／初级职业技能培训课程规范			
职业功能模块（模块）	培训内容（课程）	技能目标	培训细目	学习单元	课程内容	培训建议	课堂学时
1．播前准备	1-1 土地准备	1-1-1 能实施播前灌溉	（1）土壤耕作 （2）确定播前灌溉措施	（1）土壤耕作及播前灌溉	1）翻耕技术 ①翻耕农具选择 ②翻耕方法 ③翻耕时期 ④翻耕深度 2）耙地技术 ①耙地农具选择 ②耙地方法 3）镇压 ①播前镇压的时机选择 ②镇压注意事项 4）耖田 5）开沟作畦 6）播前灌溉技术 ①播前灌溉的意义 ②拟定灌水定额的方法 ③灌水定额拟定注意事项	（1）方法：讲授法、演示法、辅助视频法 （2）重点：翻耕技术和播前灌溉技术 （3）难点：播前灌溉技术	4

续表

2.1.2 五级/初级职业技能培训要求				2.2.2 五级/初级职业技能培训课程规范			
职业功能模块（模块）	培训内容（课程）	技能目标	培训细目	学习单元	课程内容	培训建议	课堂学时
1.播前准备	1-1 土地准备	1-1-2 能确定耕翻时期和深度	确定轮作倒茬方法	(2)轮作倒茬与基肥的施用	1)轮作倒茬 ①轮作倒茬的概念 ②轮作倒茬的意义 ③轮作倒茬的基本原则 ④轮作倒茬的方式、方法	(1)方法：讲授法、辅助视频法 (2)重点：轮作倒茬及基肥的施用 (3)难点：轮作倒茬的方式、方法及基肥的施用	2
		1-1-3 能按要求施用基肥	确定基肥施用方法		2)基肥的施用 ①基肥的概念及特点 ②基肥的作用 ③基肥的使用方法		
	1-2 农资准备	1-2-1 能按要求准备肥料，妥善保管	(1)选择肥料种类 (2)妥善保管肥料	(1)肥料的选择与储藏	1)常用肥料的种类及性质 ①有机肥 ②无机肥	(1)方法：讲授法 (2)重点与难点：常用肥料的种类及性质	2
					2)肥料储藏 ①库房的条件 ②肥料储藏的注意事项		
		1-2-2 能按要求准备种子	(1)鉴别种子	(2)种子知识	1)种子基本知识 ①种子的概念 ②种子的形态构造与成熟 ③种子的活力与寿命 ④种子的休眠与萌发	(1)方法：讲授法、演示法、辅助视频法 (2)重点：种子基本知识	4
					2)种子的加工 ①种子加工的一般过程 ②种子干燥 ③种子清选与分级		

续表

2.1.2 五级/初级职业技能培训要求				2.2.2 五级/初级职业技能培训课程规范			
职业功能模块（模块）	培训内容（课程）	技能目标	培训细目	学习单元	课程内容	培训建议	课堂学时
1. 播前准备	1-2 农资准备	1-2-2 能按要求准备种子	(2) 储藏种子	(2) 种子知识	3) 种子的储藏 ①种子储藏的管理 ②种子的储藏技术	(3) 难点：种子的休眠与萌发	4
		1-2-3 能按要求准备农药	(1) 选择杀菌剂 (2) 选择除草剂 (3) 选择杀虫剂 (4) 选择植物生长调节剂	(3) 农药的选择与准备	1) 农药的应用及防治 ①农药的选择性 ②虫害化学防治 ③病害化学防治 ④鼠害化学防治 ⑤植物生长调节剂科学使用 2) 农药的使用方法 ①杀虫剂使用方法 ②杀菌剂使用方法 ③除草剂使用方法 ④杀线虫剂使用方法 ⑤杀鼠剂使用方法 ⑥植物生长调节剂使用方法	(1) 方法：讲授法、演示法、辅助视频法 (2) 重点与难点：农药的应用及防治、农药的使用方法	
	1-3 育苗	1-3-1 能按要求准备育苗设施	(1) 选择育苗场地 (2) 选择育苗设施、设备	(1) 育苗场地与育苗设施、设备的选择	1) 育苗场地选择 ①位置选择 ②水源选择 ③地形选择 ④土壤选择 ⑤病虫害等方面的考虑 2) 设施、设备的选择与准备 ①塑料拱棚 ②温床 ③育苗穴盘 ④工具和器具 ⑤生产配套工程设备	(1) 方法：讲授法 (2) 重点：育苗场地选择 (3) 难点：育苗设施、设备的选择与准备	2

附录

续表

2.1.2 五级/初级职业技能培训要求				2.2.2 五级/初级职业技能培训课程规范			
职业功能模块（模块）	培训内容（课程）	技能目标	培训细目	学习单元	课程内容	培训建议	课堂学时
1. 播前准备	1-3 育苗	1-3-2 能按指定的药剂进行育苗基质、设施消毒	（1）使用指定药剂进行育苗基质消毒 （2）使用指定药剂进行育苗设施、设备消毒	（2）育苗基质、设施消毒	1）育苗基质药剂消毒 ①硫酸亚铁消毒法 ②敌克松消毒法 ③五氯硝基苯消毒法 ④辛硫磷消毒法 ⑤福尔马林消毒法 2）育苗设施、设备药剂消毒 ①育苗设施消毒 ②穴盘或工具消毒	（1）方法：讲授法、演示法、辅助视频法 （2）重点：育苗基质药剂的选择 （3）难点：育苗设施、设备药剂消毒	1
		1-3-3 能按指定的地点和面积准备苗床	（1）计算苗床面积 （2）准备苗床	（3）苗床的准备	1）作床 ①高床 ②低床 ③平床 2）作垄 ①高垄 ②低垄	（1）方法：讲授法、辅助视频法 （2）重点与难点：作床、作垄	1
		1-3-4 能按配方配制基质和营养液	（1）按配方配制基质 （2）按配方配制营养液	（4）基质和营养液的配制	1）基质的选择 ①基质的作用与选用原则 ②各类基质的性质 2）营养液的配制 ①营养液的组成 ②营养液的浓度及酸度 ③营养液用水要求	（1）方法：讲授法、演示法、辅助视频法 （2）重点：基质的选择和营养液的配制 （3）难点：营养液的配制	2
		1-3-5 能按要求直播或催芽播种	（1）直播 （2）催芽播种	（5）种子处理与播种技术	1）种子处理技术 ①种子筛选 ②种子消毒 ③种子催芽 2）播种技术 ①播种时间 ②播种量 ③播种	（1）方法：讲授法、辅助视频法 （2）重点与难点：种子催芽和播种技术	2

续表

2.1.2 五级/初级职业技能培训要求				2.2.2 五级/初级职业技能培训课程规范			
职业功能模块（模块）	培训内容（课程）	技能目标	培训细目	学习单元	课程内容	培训建议	课堂学时
1．播前准备	1-3 育苗	1-3-6 能按要求进行幼苗管理	按要求进行幼苗管理	(6) 幼苗管理	1) 覆盖保墒 ①覆盖材料 ②覆盖方法 ③撤覆盖物 2) 灌溉 3) 松土和除草 4) 其他管理工作	(1) 方法：讲授法 (2) 重点：覆盖保墒和灌溉 (3) 难点：灌溉	2
2．播种	2-1 整地	2-1-1 能按指定的时间、深度和墒情进行平整土地	按要求平整土地	(1) 土壤结构	1) 土壤结构概述 ①土壤结构的概念 ②土壤结构的类型与特点 2) 创造良好土壤结构的耕作措施 ①深耕结合施用有机肥 ②合理耕作 ③合理轮作 ④施用土壤结构改良剂 3) 低产地土壤特征与改良	(1) 方法：讲授法、案例教学 (2) 重点与难点：创造良好土壤结构的耕作措施	2
		2-1-2 能按要求开排水沟、灌水沟，起垄作畦，铺设节水设备	(1) 开排水沟、灌水沟 (2) 铺设节水设备	(2) 整地方法	1) 整地时间 2) 整地深度 3) 土壤墒情 4) 整地措施	(1) 方法：讲授法、辅助视频法 (2) 重点与难点：土壤墒情和整地措施	2
				(3) 灌溉与排水技术	1) 灌溉技术 ①灌溉要求 ②灌溉方法 2) 排水技术 ①排水标准 ②排水措施	(1) 方法：讲授法、辅助视频法 (2) 重点与难点：灌溉技术	2
		2-1-3 能按规定浓度使用除草剂	按要求使用除草剂	(4) 除草剂的喷施	1) 除草剂配制 ①乳剂、水剂和胶悬剂的配制 ②可湿性粉剂、干燥悬乳剂等剂型的配制	(1) 方法：讲授法、演示法、辅助视频法	2

附录

续表

2.1.2 五级/初级职业技能培训要求				2.2.2 五级/初级职业技能培训课程规范			
职业功能模块（模块）	培训内容（课程）	技能目标	培训细目	学习单元	课程内容	培训建议	课堂学时
2. 播种	2-1 整地	2-1-3 能按规定浓度使用除草剂	按要求使用除草剂	（4）除草剂的喷施	2）除草剂使用 ①喷施时间选择 ②喷施技术要点	（2）重点与难点：除草剂喷施技术要点	
	2-2 直播	2-2-1 能按要求进行播种	按要求播种	播种方式和方法	1）播种方法 ①撒播 ②条播 ③点播	（1）方法：讲授法、演示法、辅助视频法 （2）重点：播种方法 （3）难点：种子覆土	2
		2-2-2 能按要求对种子覆土	按要求进行种子覆土		2）播种方式 ①垄播 ②平播 ③沟播		
		2-2-3 能开沟或穴	开沟或穴		3）种子覆土		
	2-3 移栽	2-3-1 能按指定的时间、深度、密度移栽	（1）选择移栽时间 （2）确定移栽深度 （3）确定移栽密度	苗木移栽技术	1）移栽时间的确定 ①依据气候条件 ②依据种植制度	（1）方法：讲授法、演示法、辅助视频法、讨论法 （2）重点与难点：移栽时间的确定以及移栽深度	2
					2）移栽苗规格		
					3）开沟或穴 ①规格 ②方法		
		2-3-2 能按要求浇移栽水	按要求浇移栽水		4）移栽深度		
					5）移栽密度		
3. 田间管理	3-1 耕作管理	3-1-1 能按要求保墒、中耕、松土、除草	（1）保墒 （2）中耕 （3）松土 （4）除草	中耕、除草、起垄培土及作业质量检查	1）中耕 ①中耕时期 ②中耕深度 ③中耕标准要求	（1）方法：讲授法、演示法、辅助视频法 （2）重点：中耕和作业质量检查 （3）难点：作业质量检查	2
					2）除草 ①除草原则 ②除草方法		
					3）起垄培土 ①起垄 ②培土		
		3-1-2 能根据不同作物的要求起垄培土	根据作物要求起垄培土		4）作业质量检查 ①中耕深度 ②锄草情况 ③伤苗、压苗、埋苗情况 ④平整性 ⑤碎土情况		

续表

2.1.2 五级/初级职业技能培训要求				2.2.2 五级/初级职业技能培训课程规范			
职业功能模块（模块）	培训内容（课程）	技能目标	培训细目	学习单元	课程内容	培训建议	课堂学时
3. 田间管理	3-2 肥水管理	3-2-1 能按配方适时追肥、补施微肥	(1) 根据不同作物需求进行追肥 (2) 根据作物生长发育补施微肥	肥水管理	1) 追肥 ①土壤追肥 ②根外追肥	(1) 方法：讲授法、演示法、辅助视频法 (2) 重点：追肥 (3) 难点：灌溉	2
		3-2-2 能按作物要求和灌溉方式进行灌溉	(1) 确定灌溉时期 (2) 根据作物需求选择灌溉方式		2) 灌溉 ①合理灌溉及灌溉量 ②灌溉方法 ③灌溉注意事项		
	3-3 植株管理	3-3-1 能按要求进行间苗、定苗	按要求间苗、定苗	(1) 间苗、定苗、补苗、整枝	1) 间苗 ①间苗时间 ②间苗次数 ③间苗强度和对象	(1) 方法：讲授法、演示法、辅助视频法 (2) 重点：定苗、补苗、整枝 (3) 难点：整枝	2
					2) 定苗、补苗		
		3-3-2 能按要求整枝	按要求整枝		3) 整枝 ①打顶心 ②打边心 ③抹芽 ④打空枝老叶		
		3-3-3 能按要求喷洒植物生长调节剂	按要求喷洒植物生长调节剂	(2) 植物生长调节剂施用	1) 植物生长调节剂的定义与作用	(1) 方法：讲授法、演示法、辅助视频法 (2) 重点：植物生长调节剂喷洒方法 (3) 难点：植物生长调节剂配制	2
					2) 植物生长调节剂配制 ①生长素类调节剂配制 ②赤霉素类调节剂配制 ③细胞分裂素类调节剂配制 ④生长延缓剂类调节剂配制		
					3) 植物生长调节剂喷洒方法		
	3-4 病虫草鼠害防治	3-4-1 能按要求保管农药，使用、清洗药械	(1) 安全保管农药	(1) 农药的保管与药械的使用与清洗	1) 农药保管 ①液体农药保管 ②固体农药保管 ③微生物农药保管	(1) 方法：讲授法、演示法、辅助视频法	2

续表

2.1.2 五级/初级职业技能培训要求				2.2.2 五级/初级职业技能培训课程规范			
职业功能模块（模块）	培训内容（课程）	技能目标	培训细目	学习单元	课程内容	培训建议	课堂学时
3. 田间管理	3-4 病虫草鼠害防治	3-4-1 能按要求保管农药，使用、清洗药械	（2）药械的使用与清洗	（1）农药的保管与药械的使用与清洗	2）药械使用与清洗 ①药械使用 ②药械清洗	（2）重点：农药保管 （3）难点：药械使用与清洗	6
		3-4-2 能按防治方案使用农药防治病虫草鼠害	（1）按防治方案使用农药防治病害 （2）按防治方案使用农药防治虫害 （3）按防治方案使用农药防治草害 （4）按防治方案使用农药防治鼠害	（2）农药防治病虫草鼠害	1）病害防治 ①作物病害 ②病害的症状 ③病害发生的原因 ④常见作物主要病害的识别与防治 2）虫害防治 ①防治方法 ②农作物虫害的识别与防治 3）草害防治 ①杂草识别 ②除草剂使用 ③化学除草方法 4）鼠害防治 ①灭鼠时期的选择 ②鼠害防治方法	（1）方法：讲授法、演示法、案例教学法、辅助视频法、讨论法 （2）重点与难点：病虫草鼠害防治	
4. 收获管理	4-1 收获	4-1-1 能按要求收获	（1）判断作物成熟期 （2）采用适当的作物收获方法	作物成熟、收获及田间清理	1）作物成熟 ①生理成熟 ②商品成熟 2）收获 ①收获方法 ②脱谷 ③晒场作业 3）田间清理 ①残茬清理 ②杂物清理	（1）方法：讲授法、演示法、辅助视频法 （2）重点：收获和田间清理 （3）难点：田间清理	2
		4-1-2 能清理植株残体和杂物	（1）清理残茬 （2）清理杂物				
	4-2 整理	4-2-1 能按质量标准整理产品	按质量标准整理产品	产品的整理与包装	1）产品整理 ①脱粒 ②干燥 ③去杂 2）产品包装	（1）方法：讲授法、演示法、辅助视频法 （2）重点与难点：产品整理	2
		4-2-2 能按要求包装产品	按要求包装产品				

续表

2.1.2 五级/初级职业技能培训要求				2.2.2 五级/初级职业技能培训课程规范			
职业功能模块（模块）	培训内容（课程）	技能目标	培训细目	学习单元	课程内容	培训建议	课堂学时
4.收获管理	4-3 储藏	4-3-1 能按标准储藏产品	按标准储藏产品	产品储藏及仓库病虫鼠害的防治	1）产品储藏 ①产品储藏要求 ②产品的特性及储藏方法	（1）方法：讲授法、演示法、讨论法、辅助视频法 （2）重点：产品储藏、虫害防治和鼠害防治 （3）难点：虫害防治	4
					2）病害防治 ①仓库管理防治 ②化学防治		
		4-3-2 能按要求防治仓库病虫鼠害	（1）按要求防治仓库病害 （2）按要求防治仓库虫害 （3）按要求防治仓库鼠害		3）虫害防治 ①仓库管理防治 ②物理机械防治 ③化学防治		
					4）鼠害防治 ①器械捕鼠 ②毒饵诱杀		
课堂学时合计							62

附录3 四级/中级职业技能培训要求与课程规范对照表

2.1.3 四级/中级职业技能培训要求				2.2.3 四级/中级职业技能培训课程规范			
职业功能模块（模块）	培训内容（课程）	技能目标	培训细目	学习单元	课程内容	培训建议	课堂学时
1.播前准备	1-1 土地准备	1-1-1 能根据作物种类确定基肥的种类和数量	（1）选择基肥类型 （2）计算基肥数量	（1）基肥的选择与施用	1）施肥意义	（1）方法：讲授法、辅助视频法 （2）重点与难点：基肥的施用方法	2
					2）基肥种类 ①有机肥 ②无机肥		
					3）基肥的施用方法 ①施用种类选择 ②施用数量确定 ③肥料品种选择 ④施肥深度确定		
		1-1-2 能根据土壤墒情进行播前灌溉	选择播前灌溉方法	（2）合理灌溉技术	1）合理灌溉的原则	（1）方法：讲授法、演示法、辅助视频法 （2）重点与难点：灌溉方法	1
					2）灌溉方法 ①侧方灌溉 ②畦灌 ③节水灌溉		

续表

2.1.3 四级/中级职业技能培训要求				2.2.3 四级/中级职业技能培训课程规范			
职业功能模块（模块）	培训内容（课程）	技能目标	培训细目	学习单元	课程内容	培训建议	课堂学时
1. 播前准备	1-1 土地准备	1-1-3 能选配和使用除草剂	（1）选择除草剂类型 （2）评价除草剂有效性	（3）除草剂的选配和使用	1）分类依据 ①按作用方式 ②按使用方法 2）除草剂的作用机理及选择 3）除草剂有效性田间评价 ①试验设计原则 ②试验设计	（1）方法：讲授法、辅助视频法 （2）重点与难点：除草剂的选择	1
	1-2 农资准备	1-2-1 能根据不同作物种类和面积准备肥料	计算施肥量	（1）施肥技术	1）施肥的原则 2）施肥时期 ①基肥 ②种肥 ③追肥 3）施肥方法 ①冲施 ②撒施 ③条施追肥 ④埋施 ⑤设施追施 4）施肥量的估算 ①定性的丰缺指标法 ②肥料效应函数法 ③目标产量法	（1）方法：讲授法、辅助视频法 （2）重点与难点：施肥量的估算	3
		1-2-2 能辨别常用肥料的外观质量	辨别常用肥料外观质量	（2）常用肥料外观质量鉴定	1）复混肥料外观特征 2）尿素外观特征 3）碳酸氢铵外观特征 4）过磷酸钙外观特征 5）钙镁磷肥外观特征 6）硫酸钾外观特征	（1）方法：讲授法、辅助视频法	1

续表

2.1.3 四级/中级职业技能培训要求				2.2.3 四级/中级职业技能培训课程规范			
职业功能模块（模块）	培训内容（课程）	技能目标	培训细目	学习单元	课程内容	培训建议	课堂学时
1. 播前准备	1-2 农资准备	1-2-2 能辨别常用肥料的外观质量	辨别常用肥料外观质量	（2）常用肥料外观质量鉴定	7）磷酸一铵、磷酸二铵外观特征 8）有机肥料外观特征	（2）重点与难点：各类肥料的外观特征	
				（3）种子知识	1）种子质量检验 ①扦样 ②种子净度分析 ③种子发芽试验 ④种子水分测定 ⑤种子重量测定 ⑥品种真实性及品种纯度测定 ⑦种子生活力与活力测定 2）种子的处理 ①种子的包衣 ②种子的包装	（1）方法：讲授法 （2）重点：种子质量检验 （3）难点：种子的处理	2
		1-2-3 能按要求选择作物品种、检查种子质量、处理种子	（1）按要求选择作物品种 （2）按要求检查种子质量 （3）按要求处理种子	（4）作物品种的选择	1）优良品种 ①定义 ②特性 2）作物品种选择 ①作物品种选择的意义 ②作物品种选择的方法和措施	（1）方法：讲授法 （2）重点与难点：作物品种选择的方法和措施	1
		1-2-4 能选择农药种类，辨别常用农药外观质量	（1）正确选择农药种类	（5）农药基础知识	1）农药的定义及其适用范围 2）农药的基本作用 3）农药的分类 ①按防治对象分类 ②按作用方式分类 ③按原料来源分类 ④按化学结构分类	（1）方法：讲授法、辅助视频法 （2）重点与难点：农药的分类	1

附录

续表

2.1.3 四级/中级职业技能培训要求				2.2.3 四级/中级职业技能培训课程规范			
职业功能模块（模块）	培训内容（课程）	技能目标	培训细目	学习单元	课程内容	培训建议	课堂学时
1. 播前准备	1-2 农资准备	1-2-4 能选择农药种类，辨别常用农药外观质量	（2）鉴别农药质量	（6）农药质量鉴别	1）农药质量标准概述 ①农药标准 ②农药标准与质量关系 ③原药的质量标准 ④制剂的质量标准 2）常用农药产品的质量标准 ①杀虫杀螨剂的质量标准 ②杀菌剂的质量标准 ③除草剂的质量标准 ④植物生长调节剂的质量标准	（1）方法：讲授法、演示法、辅助视频法 （2）重点与难点：常用农药产品的质量标准	1
	1-3 育苗	1-3-1 能按要求进行苗床整修，并维护设施	（1）整修苗床 （2）维护育苗设施	（1）苗床的整修与育苗设施的维护	1）苗床的整修 ①苗床的检查 ②苗床的维修 2）育苗设施的维护 ①育苗设施的检查 ②育苗设施的维修	（1）方法：讲授法、辅助视频法 （2）重点：苗床、育苗设施的检查 （3）难点：苗床、育苗设施的维修	1
		1-3-2 能根据作物幼苗生长要求配制基质	（1）确定作物的营养需求 （2）配制基质	（2）作物与营养	1）作物必需的营养元素 ①作物必需的营养元素确定原则 ②作物必需的营养元素种类 2）必需矿质营养元素的生理作用 ①大量营养元素 ②微量营养元素	（1）方法：讲授法、辅助视频法 （2）重点：作物必需的营养元素 （3）难点：必需矿质营养元素的生理作用	4
		1-3-3 能确定基质消毒剂	（1）选择基质消毒剂	（3）育苗基质的配制与消毒	1）基质的配制 ①营养土材料 ②营养土配方 ③营养土的调制	（1）方法：讲授法、演示法、辅助视频法	4

续表

2.1.3 四级/中级职业技能培训要求				2.2.3 四级/中级职业技能培训课程规范			
职业功能模块（模块）	培训内容（课程）	技能目标	培训细目	学习单元	课程内容	培训建议	课堂学时
1. 播前准备	1-3 育苗	1-3-3 能确定基质消毒剂	（2）配制基质消毒剂	（3）育苗基质的配制与消毒	2）基质的消毒 ①消毒剂的选择 ②消毒剂的配制	（2）重点与难点：营养土的调制和消毒剂的配制	
		1-3-4 能计算苗床面积	准确计算苗床面积	（4）育苗面积的确定	1）单位面积播种量的确定 ①确定播种量的原则 ②确定播种量的方法 2）育苗面积的确定	（1）方法：讲授法 （2）重点与难点：单位面积播种量的确定	2
		1-3-5 能根据作物种子特性进行种子处理	处理种子	（5）种子的清选与处理	1）种子清选 ①筛选 ②风选 ③比重法分选 2）种子处理 ①晒种 ②消毒 ③种子包衣 ④浸种催芽	（1）方法：讲授法、辅助视频法 （2）重点与难点：种子处理	1
		1-3-6 能进行育苗期间的相应技术调查	调查苗木生长情况	（6）幼苗的管理及苗期技术调查	1）苗床管理 ①露地育苗管理 ②保温育苗管理 2）幼苗的管理 ①开沟理墒，盖土镇压 ②中耕松土 ③化学除草 ④破除板结 ⑤查苗补缺 3）苗期技术调查 ①确定调查指标 ②苗情分类判定 ③调查项目及标准	（1）方法：讲授法、辅助视频法 （2）重点：幼苗的管理 （3）难点：苗期技术调查	3
		1-3-7 能培育出适龄壮苗	培育适龄壮苗				
2. 播种	2-1 整地	2-1-1 能按作物和耕地状况平整土地	平整土地	（1）土壤耕作及农机具的选择与使用	1）土壤耕作的类型 ①土壤基本耕作技术 ②表土耕作 ③少耕和免耕	（1）方法：讲授法、演示法、辅助视频法 （2）重点：土壤耕作的类型	2

续表

2.1.3 四级/中级职业技能培训要求				2.2.3 四级/中级职业技能培训课程规范			
职业功能模块（模块）	培训内容（课程）	技能目标	培训细目	学习单元	课程内容	培训建议	课堂学时
2. 播种	2-1 整地	2-1-1 能按作物和耕地状况平整土地	平整土地	(1) 土壤耕作及农机具的选择与使用	2) 农业机械概述 ①含义 ②重要性 3) 土壤耕作机械 ①铧式犁 ②耙与镇压器 ③旋耕机与联合耕整机 ④保护性耕作机具 ⑤中耕机	(3) 难点：土壤耕作机械	
		2-1-2 能按要求进行排水沟、灌水沟的布局	(1) 布设排水沟 (2) 布设灌水沟	(2) 排水沟、灌水沟的布局	1) 排灌沟系布局原则 2) 排灌沟系规划布置 ①田间明沟排灌水系统 ②地下暗管排灌水系统 ③鼠道排水 ④竖井排水	(1) 方法：讲授法、辅助视频法 (2) 重点与难点：排灌沟系规划布置	1
	2-2 直播	2-2-1 能计算播种量	计算播种量	播种技术	1) 播种期的确定 ①气候条件 ②种植制度 ③品种特性 ④土壤湿度 ⑤病虫害 2) 播种量的确定 ①确定播种量的原则 ②确定播种量的方法 3) 精量播种 4) 播种深度的确定	(1) 方法：讲授法、辅助视频法 (2) 重点：播种期、播种量以及播种深度的确定 (3) 难点：精量播种和播种深度的确定	2
		2-2-2 能适时、适量、按适宜深度播种	(1) 适时播种 (2) 适量播种 (3) 确定播种深度				

续表

2.1.3 四级/中级职业技能培训要求				2.2.3 四级/中级职业技能培训课程规范			
职业功能模块（模块）	培训内容（课程）	技能目标	培训细目	学习单元	课程内容	培训建议	课堂学时
2. 播种	2-3 移栽	2-3-1 能确定移栽方案	（1）选择苗木移栽方法 （2）管理移栽苗木	苗木的移栽及作业质量检查	1）苗木移栽 ①移栽的意义 ②移栽技术要点 ③栽后管理	（1）方法：讲授法、辅助视频法 （2）重点：苗木移栽 （3）难点：作业质量检查	3
		2-3-2 能检查移栽质量	检查移栽苗木质量		2）作业质量检查 ①指标的确定 ②指标的结果分析		
3. 田间管理	3-1 耕作管理	能检查中耕、松土、保墒、除草及起垄培土的质量	检查耕作质量	作业质量检查	1）中耕深度质量检查 2）除草情况质量检查 3）伤苗、压苗情况质量检查 4）土壤平整性质量检查 5）碎土情况质量检查	（1）方法：讲授法、演示法、辅助视频法 （2）重点：中耕深度、除草情况以及伤苗、压苗情况检查	2
	3-2 肥水管理	3-2-1 能按照作物生育时期，进行土壤施肥、随水施肥及叶面施肥	（1）划分作物生育时期 （2）确定主要作物需肥敏感期 （3）土壤施肥、随水施肥及叶面施肥	（1）作物生育时期与主要作物需肥特性	1）作物生育时期 ①定义 ②作物生育时期的划分	（1）方法：讲授法 （2）重点：作物生育时期和需肥特性 （3）难点：需肥特性	2
					2）主要作物不同生育时期需肥特性 ①水稻 ②小麦 ③玉米 ④大豆 ⑤棉花		
				（2）施肥技术	1）施肥注意事项 ①基肥注意事项 ②种肥注意事项 ③追肥注意事项	（1）方法：讲授法、辅助视频法 （2）重点：作物施肥要点	4
					2）作物施肥要点 ①水稻 ②小麦 ③玉米 ④棉花		

附录

续表

2.1.3 四级/中级职业技能培训要求				2.2.3 四级/中级职业技能培训课程规范			
职业功能模块（模块）	培训内容（课程）	技能目标	培训细目	学习单元	课程内容	培训建议	课堂学时
3．田间管理	3-2 肥水管理	3-2-2 能按作物生长状况、土壤墒情确定灌溉时期	(1) 分析作物需水规律 (2) 确定合理灌溉时期 (3) 选择合理灌溉方法	(2) 施肥技术	3）根外施肥 ①定义 ②根外施肥作用 ③根外施肥技术对肥料浓度的要求 ④根外施肥技术要点	(3) 难点：根外施肥	6
				(3) 合理灌溉技术	1）作物的需水规律 ①作物对水分的需要量 ②作物不同生育时期对水分的需要量 ③作物的水分临界期	(1) 方法：讲授法、辅助视频法 (2) 重点与难点：作物的需水规律及合理灌溉指标	
					2）合理灌溉指标 ①土壤指标 ②作物形态指标 ③作物生理指标		
					3）灌溉方法 ①畦灌 ②沟灌		
		3-2-3 能按照要求采集土壤样品	采集土壤样品	(4) 土壤样品的采集	1）土壤样品采集 ①土壤剖面样品 ②耕层混合样品 ③土壤物理性质样品	(1) 方法：讲授法、演示法 (2) 重点：土壤样品采集 (3) 难点：土壤样品处理	1
					2）土壤样品处理 ①取样及编号 ②风干及处理 ③样品的存放		
	3-3 植株管理	3-3-1 能制订间苗、定苗的具体方案	(1) 制订间苗方案	(1) 合理密植	1）合理密植的含义和增产作用 ①含义 ②增产作用	(1) 方法：讲授法	2

续表

2.1.3 四级/中级职业技能培训要求				2.2.3 四级/中级职业技能培训课程规范			
职业功能模块（模块）	培训内容（课程）	技能目标	培训细目	学习单元	课程内容	培训建议	课堂学时
3.田间管理	3-3 植株管理	3-3-1 能制订间苗、定苗的具体方案	（2）制订定苗方案	（1）合理密植	2）种植密度确定依据 ①气候 ②地力 ③肥水条件 ④品种 ⑤栽培技术措施 3）合理密植方式 ①等行距 ②宽窄行 ③条带间作	（2）重点与难点：种植密度确定依据	
		3-3-2 能制订作物整枝的具体方案	制订作物整枝具体方案	（2）作物的营养生长、生殖生长以及器官生长的相关性	1）作物的营养生长 ①根 ②茎 ③叶 2）作物的生殖生长 ①花芽分化 ②开花、传粉、受精 ③种子、果实发育 3）器官生长的相关性 ①地下部分和地上部分的关系 ②顶芽和侧芽的关系 ③营养器官和生殖器官的关系 ④作物器官的同伸关系	（1）方法：讲授法 （2）重点：作物的营养生长和生殖生长 （3）难点：器官生长的相关性	4
		3-3-3 能确定植物生长调节剂使用时期、种类、剂量	（1）选择植物生长调节剂类型	（3）植物生长调节剂的选择与使用	1）植物生长调节剂的分类与选择 ①根据与植物激素作用的相似性进行分类与选择	（1）方法：讲授法、演示法、辅助视频法	2

续表

2.1.3 四级/中级职业技能培训要求				2.2.3 四级/中级职业技能培训课程规范			
职业功能模块（模块）	培训内容（课程）	技能目标	培训细目	学习单元	课程内容	培训建议	课堂学时
3. 田间管理	3-3 植株管理	3-3-3 能确定植物生长调节剂使用时期、种类、剂量	（2）正确使用植物生长调节剂	（3）植物生长调节剂的选择与使用	②根据对植物茎尖的作用方式进行分类与选择 ③根据实际作用效果进行分类与选择 ④根据植物生长调节剂的来源进行分类与选择 2）植物生长调节剂的使用方法 ①浸种法 ②浸蘸法 ③涂抹法 ④喷洒法 ⑤浇灌法 3）植物生长调节剂的使用时期 4）植物生长调节剂的使用浓度	（2）重点：植物生长调节剂的使用方法 （3）难点：植物生长调节剂的分类、选择以及使用浓度	
	3-4 病虫草鼠害防治	3-4-1 能识别当地主要病虫草鼠害及虫害天敌	（1）识别病虫草鼠害	（1）病害防治	1）作物病害概述 2）作物病害的症状 ①病状 ②病症 3）病害发生的原因 ①病原 ②寄主植物 ③环境条件 4）作物病害的防治方法 ①植物检疫 ②农业防治 ③生物防治 ④物理防治 ⑤化学防治 5）几种农作物主要病害的识别与防治 ①水稻	（1）方法：讲授法、辅助视频法 （2）重点：作物病害的症状和防治方法	5

120

续表

2.1.3 四级/中级职业技能培训要求				2.2.3 四级/中级职业技能培训课程规范			
职业功能模块（模块）	培训内容（课程）	技能目标	培训细目	学习单元	课程内容	培训建议	课堂学时
3. 田间管理	3-4 病虫草鼠害防治	3-4-1 能识别当地主要病虫草鼠害及虫害天敌	(2) 识别虫害天敌	(1) 病害防治	②小麦 ③玉米 ④大豆 ⑤棉花	(3) 难点：几种农作物主要病害的识别与防治	
		3-4-2 能使用农药、药械防治病虫草鼠害	(1) 使用农药、药械防治病害 (2) 使用农药、药械防治虫害 (3) 使用农药、药械防治草害	(2) 虫害、鼠害防治	1) 作物虫害防治方法 ①植物检疫 ②农业防治 ③物理机械防治 ④生物防治 ⑤化学防治 2) 几种农作物主要虫害的识别与防治 ①水稻 ②小麦 ③玉米 ④大豆 ⑤棉花 3) 虫害天敌种类 ①捕食性天敌 ②寄生性天敌 ③昆虫病原微生物 4) 鼠害防治 ①人工捕杀 ②器械捕杀 ③保护天敌捕杀 ④化学药剂毒杀	(1) 方法：讲授法、辅助视频法 (2) 重点：作物虫害和鼠害的防治方法 (3) 难点：几种农作物主要虫害的识别与防治	5
				(3) 草害防治	1) 农田杂草识别 ①禾本科杂草 ②蓼科杂草 ③藜科杂草 ④莎草科杂草 2) 除草剂的使用 ①茎叶处理法 ②土壤处理法 ③杀草薄膜除草法	(1) 方法：讲授法、辅助视频法 (2) 重点：农田杂草识别和除草剂的使用	4

续表

2.1.3 四级/中级职业技能培训要求				2.2.3 四级/中级职业技能培训课程规范			
职业功能模块（模块）	培训内容（课程）	技能目标	培训细目	学习单元	课程内容	培训建议	课堂学时
3. 田间管理	3-4 病虫草鼠害防治	3-4-2 能使用农药、药械防治病虫草鼠害	（4）使用农药、药械防治病虫草鼠害	（3）草害防治	3）几种农作物的化学除草法 ①水稻大田化学除草 ②麦田化学除草 ③玉米田化学除草 ④大豆田化学除草 ⑤棉花田化学除草	（3）难点：几种农作物的化学除草法	
				（4）农药的使用与药械维护	1）农药分类 ①按照防治对象分类 ②按照农药组成分类	（1）方法：讲授法、演示法、案例教学法、辅助视频法 （2）重点：农药的使用方法和农药配制方法 （3）难点：药械维护	6
					2）农药的使用方法 ①喷雾法 ②喷粉法 ③泼浇法 ④毒土法 ⑤拌种、浸种法 ⑥种子包衣法 ⑦毒饵法		
					3）农药配制方法 ①准确计算药液使用量和制剂用量 ②采用母液配制 ③选用优良稀释剂 ④改善和提高药剂质量		
		3-4-3 能配制药液、毒土（饵）防治病虫草鼠害，检查防治效果	配制药液、毒土（饵）		4）药械维护 ①药械性能 ②药械清洗 ③安全存放 ④药械维修		

续表

2.1.3 四级/中级职业技能培训要求			2.2.3 四级/中级职业技能培训课程规范			
职业功能模块（模块）	培训内容（课程）	技能目标	培训细目	学习单元	课程内容	培训建议	课堂学时
4. 收获管理	4-1 收获	4-1-1 能按要求确定作物采收时间	（1）确定农产品采收时期 （2）确定农产品收获的方法	（1）产品的收获及品质鉴定	1）农产品收获 ①收获时期确定 ②产品收获方法 ③清理植株残体和杂物	（1）方法：讲授法 （2）重点：农产品收获及农产品质量鉴定 （3）难点：农产品质量鉴定	4
		4-1-2 能检查收获质量	检查收获质量		2）农产品质量鉴定 ①品质分类 ②产品质量标准 ③抽样 ④检验 ⑤等级确定		
		4-1-3 能根据作物情况制订秸秆还田方案	（1）调查作物情况 （2）制订秸秆还田方案 （3）按要求进行秸秆还田	（2）秸秆还田技术	1）秸秆还田原理 2）秸秆还田优缺点 ①优点 ②缺点 3）秸秆还田技术要求 ①用作基肥 ②秸秆还田数量要适中 ③秸秆施用要均匀 ④要调节碳氮比 4）秸秆还田方法 ①秸秆粉碎翻压还田 ②秸秆覆盖还田 ③堆沤还田 ④焚烧还田 ⑤过腹还田	（1）方法：讲授法、辅助视频法 （2）重点与难点：秸秆还田技术要求	2
	4-2 整理	4-2-1 能进行产品检测采样	产品检测采样	产品的处理和检测	1）产品处理 ①脱粒 ②干燥 ③去杂	（1）方法：讲授法 （2）重点与难点：产品处理和质量检测	1
		4-2-2 能检查产品整理质量	检查产品整理质量		2）产品处理质量检测 ①抽样 ②样品检测		

续表

2.1.3 四级/中级职业技能培训要求				2.2.3 四级/中级职业技能培训课程规范			
职业功能模块（模块）	培训内容（课程）	技能目标	培训细目	学习单元	课程内容	培训建议	课堂学时
4.收获管理	4-3 储藏	4-3-1 能根据收获产品的特性制订储存方案	制订产品储存方案	产品的储藏管理	1）产品储藏 ①谷类作物储藏 ②薯类作物储藏 ③其他作物储藏	（1）方法：讲授法 （2）重点：产品储藏 （3）难点：仓库病虫鼠害的调查与防治	2
		4-3-2 能按要求防治仓库病虫鼠害	（1）调查仓库病虫鼠害 （2）防治仓库病虫鼠害		2）仓库病虫鼠害的调查与防治 ①调查方法 ②防治方法		
课堂学时合计							88

附录4 三级/高级职业技能培训要求与课程规范对照表

2.1.4 三级/高级职业技能培训要求				2.2.4 三级/高级职业技能培训课程规范			
职业功能模块（模块）	培训内容（课程）	技能目标	培训细目	学习单元	课程内容	培训建议	课堂学时
1.育苗	1-1 苗情诊断	1-1-1 能识别苗期常见病虫害，并能及时进行防治	（1）作物苗期病害的诊断及防治	（1）作物主要病害的诊断及防治	1）作物病虫害诊断方法和步骤 ①田间观察 ②室内鉴定 2）水稻主要病害识别及防治 ①立枯病 ②青枯病 ③苗稻瘟 ④恶苗病 3）小麦主要病害识别及防治 ①小麦全蚀病 ②小麦纹枯病 ③小麦锈病 4）玉米主要病害识别及防治 ①玉米大小斑病 ②玉米根腐病 ③玉米顶腐病 ④玉米粗缩病 5）大豆主要病害识别及防治 ①根腐病	（1）方法：讲授法、实训（练习）法、辅助视频法 （2）重点：各类病害的识别和防治	6

续表

2.1.4 三级／高级职业技能培训要求				2.2.4 三级／高级职业技能培训课程规范			
职业功能模块（模块）	培训内容（课程）	技能目标	培训细目	学习单元	课程内容	培训建议	课堂学时
1. 育苗	1-1 苗情诊断	1-1-1 能识别苗期常见病虫害，并能及时进行防治	（1）作物苗期病害的诊断及防治	（1）作物主要病害的诊断及防治	②大豆胞囊线虫病 6）棉花主要病害识别及防治 ①棉立枯病 ②棉苗炭疽病 ③猝倒病 ④红腐病 ⑤黑斑病 ⑥茎枯病	（3）难点：各类病害的识别	6
			（2）作物苗期虫害的诊断及防治	（2）作物主要虫害的诊断及防治	1）水稻主要虫害识别及防治 ①水稻潜叶蝇 ②稻负泥虫 ③水稻螟虫 ④灰飞虱 ⑤蓟马 ⑥稻象甲 2）小麦主要虫害识别及防治 ①麦蚜 ②地下害虫（蝼蛄、蛴螬、金针虫等） ③红蜘蛛 3）玉米主要虫害识别及防治 ①玉米螟 ②地下害虫（蝼蛄、蛴螬、地老虎） ③黏虫 ④玉米蛀茎夜蛾 4）大豆主要虫害识别及防治 ①大豆根潜蝇 ②二条叶甲 ③地下害虫（蝼蛄、蛴螬、地老虎）	（1）方法：讲授法、实训（练习）法，辅助视频法 （2）重点：各类虫害的识别和防治	

续表

职业功能模块（模块）	2.1.4 三级/高级职业技能培训要求			2.2.4 三级/高级职业技能培训课程规范			
	培训内容（课程）	技能目标	培训细目	学习单元	课程内容	培训建议	课堂学时
1. 育苗	1-1 苗情诊断	1-1-1 能识别苗期常见病虫害，并能及时进行防治	(2) 作物苗期虫害的诊断及防治	(2) 作物主要虫害的诊断及防治	5) 棉花主要虫害识别及防治 ①棉蚜虫 ②棉叶螨 ③棉盲蝽象 ④蓟马	(3) 难点：各类虫害的识别	6
		1-1-2 能判断幼苗长势、长相	主要作物的苗情诊断	(3) 作物苗情诊断技术	1) 水稻苗情诊断 ①长相 ②长势 ③叶色	(1) 方法：讲授法、实训（练习）法、辅助视频法 (2) 重点与难点：作物苗情诊断	
					2) 小麦苗情诊断 ①长相 ②长势 ③叶色		
					3) 玉米苗情诊断 ①长相 ②长势 ③叶色		
					4) 大豆苗情诊断 ①长相 ②长势 ③叶色		
					5) 棉花苗情诊断 ①长相 ②长势 ③叶色		
	1-2 幼苗管理	能根据植株长势、长相，调节生长环境	调节作物生长环境	影响作物生长的环境因素及环境调控措施	1) 影响作物生长的环境因素 ①气候因素 ②土壤因素 ③生物因素 ④地形因素	(1) 方法：讲授法 (2) 重点：影响作物生长的环境因素与环境调控措施 (3) 难点：作物生长的环境调控措施	4
					2) 作物生长的环境调控措施 ①温度调控 ②光照调控 ③水肥调控 ④病虫害管理 ⑤土壤管理		

续表

2.1.4 三级／高级职业技能培训要求				2.2.4 三级／高级职业技能培训课程规范			
职业功能模块（模块）	培训内容（课程）	技能目标	培训细目	学习单元	课程内容	培训建议	课堂学时
2. 田间管理	2-1 肥水管理	2-1-1 能识别主要作物常见的营养缺乏及营养过剩症状	(1) 识别作物常见的营养缺乏症状 (2) 识别作物常见的营养过剩症状	(1) 作物的营养诊断及作物常见营养失调症状	1) 营养诊断方法 ①形态诊断法 ②化学诊断法 ③施肥诊断法 ④土壤分析诊断法 2) 常见营养元素失调症状 ①大量营养元素失调症状 ②微量营养元素失调症状 3) 主要作物的常见营养失调症状 ①水稻 ②小麦 ③玉米 ④棉花	(1) 方法：讲授法、演示法、辅助视频法 (2) 重点：营养诊断方法及常见营养元素失调症状 (3) 难点：主要作物的常见营养失调症状	6
		2-1-2 能鉴别常用肥料的质量	鉴定常用肥料的质量	(2) 常用肥料的质量鉴定	1) 复混肥料技术指标 2) 尿素技术指标 3) 碳酸氢铵技术指标 4) 过磷酸钙技术指标 5) 钙镁磷肥技术指标 6) 硫酸钾技术指标 7) 磷酸一铵、磷酸二铵技术指标 8) 有机肥料技术指标	(1) 方法：讲授法、演示法、辅助视频法 (2) 重点与难点：各类肥料的技术指标	2
		2-1-3 能实施节水灌溉	实施节水灌溉	(3) 作物需水与灌溉	1) 作物的需水规律 ①作物需水量 ②田间耗水量	(1) 方法：讲授法	4

续表

2.1.4 三级/高级职业技能培训要求				2.2.4 三级/高级职业技能培训课程规范			
职业功能模块（模块）	培训内容（课程）	技能目标	培训细目	学习单元	课程内容	培训建议	课堂学时
2．田间管理	2-1 肥水管理	2-1-3 能实施节水灌溉	实施节水灌溉	（3）作物需水与灌溉	③作物需水量特点 ④影响作物需水量的因素 2）作物需水量计算 ①直接计算需水量的方法 ②基于参照作物需水量计算实际作物需水量 3）作物的灌溉制度 ①充分灌溉条件下的灌溉制度 ②非充分灌溉条件下的灌溉制度 4）节水灌溉 ①改进地面灌溉技术 ②喷灌技术 ③滴灌技术 ④膜下滴灌技术	（2）重点：作物的需水规律和作物需水量计算 （3）难点：作物的灌溉制度和节水灌溉	
	2-2 植株管理	2-2-1 能根据留苗密度实施管理措施	（1）确定作物密度	（1）常见作物的植株管理	1）玉米植株管理 ①早间定苗 ②蹲苗 ③早中耕 ④苗期施肥 2）小麦植株管理 ①苗期管理 ②中期管理 ③后期管理 3）水稻植株管理 ①合理密植 ②合理密植应考虑的因素 ③合理密植方式	（1）方法：讲授法、辅助视频法	6

128

续表

2.1.4 三级/高级职业技能培训要求				2.2.4 三级/高级职业技能培训课程规范			
职业功能模块（模块）	培训内容（课程）	技能目标	培训细目	学习单元	课程内容	培训建议	课堂学时
2. 田间管理	2-2 植株管理	2-2-1 能根据留苗密度实施管理措施	（2）管理常见作物植株	（1）常见作物的植株管理	4）棉花植株管理 ①补种 ②间苗和定苗	（2）重点与难点：各种作物的植株管理	
		2-2-2 能根据植株长势、长相进行综合调控	（1）人工调控作物生长发育 （2）化学调控作物生长发育 （3）地膜覆盖调控作物生长发育	（2）作物生长发育调控技术	1）人工调控技术 ①镇压 ②深中耕 ③晒田 ④打（割）叶 ⑤打顶 ⑥整枝 ⑦提蔓与压蔓 2）化学调控技术 ①化学调控的原理 ②激素的种类 ③植物生长调节剂在生产上的应用 3）地膜覆盖技术 ①地膜覆盖的效应与作用 ②地膜的种类与性能 ③地膜覆盖栽培管理	（1）方法：讲授法、演示法、辅助视频法 （2）重点：人工调控技术和化学调控技术 （3）难点：化学调控技术	6
	2-3 病虫草鼠害防治	2-3-1 能按要求开展病虫草鼠害调查	调查与统计病虫草鼠害	（1）病虫草鼠害的调查与统计	1）调查统计指标 ①发生面积 ②发生程度 ③挽回损失 ④实际损失 2）调查统计对象 ①主要病虫 ②其他病虫 ③农田杂草 ④农田鼠害	（1）方法：讲授法 （2）重点：调查统计对象 （3）难点：调查统计指标	2

续表

2.1.4 三级/高级职业技能培训要求				2.2.4 三级/高级职业技能培训课程规范			
职业功能模块（模块）	培训内容（课程）	技能目标	培训细目	学习单元	课程内容	培训建议	课堂学时
2. 田间管理	2-3 病虫草鼠害防治	2-3-2 能进行常用剂型农药的配制	（1）选择农药剂型 （2）配制常用剂型农药	（2）常用剂型农药的配制	1）农药剂型 ①粉剂 ②可湿性粉剂 ③乳油 ④颗粒剂 ⑤可溶性粉剂 ⑥水剂 ⑦乳膏 ⑧胶剂 ⑨烟剂 2）常见农药配制方法 ①能被水稀释农药的配制 ②不能被水稀释农药的配制 3）无人机喷药 ①药剂的选择与配制 ②最适条件	（1）方法：讲授法、演示法、辅助视频法 （2）重点与难点：常见农药配制方法	2
				（3）农药安全使用	1）农药安全使用含义 ①施药人的安全 ②作物的安全 ③环境的安全 ④食品的安全 2）农药使用的安全防护 ①对施药人员的防护 ②对周边环境的防护 ③科学安全用药	（1）方法：讲授法、演示法、辅助视频法 （2）重点与难点：农药使用的安全防护	2
		2-3-3 能识别农药中毒症状并能进行现场救护	（1）识别农药中毒症状	（4）农药中毒及救护	1）农药的毒性 ①剧毒 ②高毒 ③中等毒 ④低毒 2）农药中毒 ①急性中毒 ②亚急性中毒 ③慢性中毒	（1）方法：讲授法、演示法、辅助视频法	2

续表

2.1.4 三级/高级职业技能培训要求				2.2.4 三级/高级职业技能培训课程规范			
职业功能模块（模块）	培训内容（课程）	技能目标	培训细目	学习单元	课程内容	培训建议	课堂学时
2. 田间管理	2-3 病虫草鼠害防治	2-3-3 能识别农药中毒症状并能进行现场救护	（2）农药中毒的现场救护	（4）农药中毒及救护	3）农药引起中毒的途径与原因 ①途径 ②原因	（2）重点：农药引起中毒的途径与原因，农药中毒后的症状以及农药中毒的治疗 （3）难点：农药中毒的治疗	
					4）农药中毒后的症状		
					5）农药中毒的治疗 ①现场急救 ②解毒治疗 ③对症治疗 ④支持治疗		
3. 收获管理	3-1 收获	3-1-1 能在收获前对产量进行测定	产量估算	（1）作物成熟期鉴定和产量估算	1）作物成熟期鉴定 ①禾谷类作物 ②豆类作物	（1）方法：讲授法、辅助视频法 （2）重点：作物成熟期鉴定和产量估测 （3）难点：作物成熟期鉴定	1
		3-1-2 能依据收获农产品品质要求及时收获	适时收获		2）作物产量的估测 ①采点和取样 ②估产方法		
		3-1-3 能根据作物特点制订残茬处理、土壤耕翻方案	（1）制订残茬处理方案 （2）制订土壤耕翻方案	（2）残茬处理及茬口安排	1）残茬处理方式 ①粉碎处理 ②减少覆盖量	（1）方法：讲授法、情景模拟法、辅助视频法 （2）重点：残茬处理方式和种植方式 （3）难点：轮作	4
					2）翻耕技术 ①翻耕时期 ②翻耕深度 ③翻耕机具类型		
					3）种植方式 ①种植方式概念 ②间、混、套作的增产原因和主要类型 ③复种		
					4）轮作 ①轮作换茬的概念及作用 ②轮作的类型		

续表

2.1.4 三级/高级职业技能培训要求				2.2.4 三级/高级职业技能培训课程规范			
职业功能模块（模块）	培训内容（课程）	技能目标	培训细目	学习单元	课程内容	培训建议	课堂学时
3. 收获管理	3-2 储藏	3-2-1 能根据产品的特点选择设施，确定仓储方案	(1) 选择储藏设施 (2) 确定仓储方案	(1) 产品储藏	1) 产品储藏特性 ①原粮储藏特性 ②成品粮储藏特性 ③油料类储藏特性 2) 产品储藏中的质量变化 ①发热霉变 ②结露 ③虫害 ④陈化 ⑤发芽 ⑥走油 3) 产品储藏方式 ①常温储藏 ②低温储藏 ③气调储藏 4) 产品储藏管理 ①干燥降水、防潮散热、预防霉变 ②清除杂质	(1) 方法：讲授法、辅助视频法 (2) 重点：产品储藏中的质量变化和产品储藏管理 (3) 难点：产品储藏管理	4
		3-2-2 能制订和实施仓库病虫鼠害综合防治方案	仓库病虫鼠害的综合防治	(2) 仓库病虫鼠害的防治	1) 病害的植物检疫防治 2) 仓库虫害防治 ①生物防治 ②植物检疫防治 3) 仓库鼠害防治 ①熏蒸 ②化学绝育	(1) 方法：讲授法、演示法、实训（练习）法、辅助视频法 (2) 重点：仓库虫害、鼠害防治 (3) 难点：植物检疫防治	4
4. 技术指导	4-1 拟订生产计划	能起草年度种植计划	起草年度种植计划	(1) 耕作制度	1) 农业生产构成 2) 耕作制度概述 ①耕作制度的概念 ②建立合理的耕作制度的基本原则 ③土壤耕作类型	(1) 方法：讲授法	2

续表

2.1.4 三级/高级职业技能培训要求				2.2.4 三级/高级职业技能培训课程规范			
职业功能模块（模块）	培训内容（课程）	技能目标	培训细目	学习单元	课程内容	培训建议	课堂学时
4．技术指导	4-1 拟订生产计划	能起草年度种植计划	起草年度种植计划	（1）耕作制度	3）种植制度 ①作物布局的设计 ②间、混、套作技术要点 ③复种技术要点	（2）重点：种植制度 （3）难点：土壤耕作制度	
				（2）年度种植计划的拟订	1）拟订年度种植计划的意义、原则 ①拟订年度种植计划的意义 ②拟订年度种植计划的原则 2）年度种植计划的拟订 ①生产目标 ②基本内容 ③种植规划	（1）方法：讲授法、演示法 （2）重点与难点：年度种植计划的拟订	2
	4-2 技术示范	能对初级工、中级工进行生产技术操作示范	进行生产技术操作示范	作物栽培管理及生产技术操作示范	1）农作物栽培管理 ①适期播种 ②合理密植 ③田间管理 2）作物高产栽培技术 ①合理选地、整地 ②正确采用良种 ③合理使用肥料 ④运用先进的栽培管理技术 3）生产技术操作示范方案的制订 ①示范对象的确定 ②示范内容的选择 ③示范方法的选择 ④示范日期的确定 ⑤示范场所和设备的选择 ⑥示范效果的评估和完善	（1）方法：讲授法、演示法 （2）重点：作物高产栽培技术和生产技术操作示范方案的制订 （3）难点：生产技术操作示范方案的制订	2
课堂学时合计							73

附录

附录5　二级/技师职业技能培训要求与课程规范对照表

2.1.5 二级/技师职业技能培训要求				2.2.5 二级/技师职业技能培训课程规范			
职业功能模块（模块）	培训内容（课程）	技能目标	培训细目	学习单元	课程内容	培训建议	课堂学时
1. 育苗	1-1 苗情诊断	能识别苗期生理与侵染性病虫害，并制定综合防治措施	(1) 识别作物苗期生理与侵染性病虫害 (2) 综合防治病虫害	苗期常见病虫害的识别与综合防治	1) 病害分类 ①侵染性病害 ②生理性病害　2) 病害症状 ①侵染性病害症状 ②生理性病害症状　3) 病害防治 ①侵染性病害防治 ②生理性病害防治　4) 虫害防治 ①防治方法 ②苗期虫害的识别与防治	(1) 方法：讲授法、讨论法 (2) 重点与难点：苗期常见病虫害的防治	4
	1-2 幼苗管理	1-2-1 能制订幼苗管理方案	制订幼苗管理方案	(1) 幼苗管理技术	1) 幼苗覆盖保墒 ①覆盖材料 ②覆盖方法 ③撤覆盖物　2) 幼苗灌溉　3) 松土和除草　4) 其他管理工作	(1) 方法：讲授法 (2) 重点与难点：幼苗覆盖保墒和幼苗灌溉	1
		1-2-2 能根据植株长势、长相进行管理	管理苗期作物	(2) 苗期管理	1) 水稻苗期管理 ①中耕 ②肥水管理 ③植株管理 ④病虫草害防治　2) 玉米苗期管理 ①中耕 ②肥水管理 ③植株管理 ④病虫草害防治　3) 小麦苗期管理 ①中耕 ②肥水管理 ③植株管理 ④病虫草害防治	(1) 方法：讲授法、讨论法	3

续表

2.1.5 二级/技师职业技能培训要求				2.2.5 二级/技师职业技能培训课程规范			
职业功能模块（模块）	培训内容（课程）	技能目标	培训细目	学习单元	课程内容	培训建议	课堂学时
1. 育苗	1-2 幼苗管理	1-2-2 能根据植株长势、长相进行管理	管理苗期作物	（2）苗期管理	4）大豆苗期管理 ①中耕 ②肥水管理 ③植株管理 ④病虫草害防治 5）棉花苗期管理 ①中耕 ②肥水管理 ③植株管理 ④病虫草害防治	（2）重点与难点：各种作物苗期管理	
2. 田间管理	2-1 肥水管理	2-1-1 能根据主要作物的各种缺素及营养过剩症状，制定相应的调节措施	（1）识别作物缺素症状	（1）作物营养学基础	1）作物需肥规律 ①作物的需肥量 ②作物营养的阶段性 ③作物营养的临界期和营养最大效率期 2）作物对有机养分的吸收 ①作物对含氮有机物的吸收 ②作物对含磷有机物的吸收 ③作物对糖类、酚类等有机物的吸收 3）主要作物营养失调症状调控 ①水稻 ②小麦 ③玉米 ④棉花 ⑤大豆	（1）方法：讲授法、讨论法、辅助视频法 （2）重点：作物需肥规律和作物营养失调症状调控 （3）难点：作物营养失调症状调控	6
				（2）土壤肥料及灌溉	1）基肥 ①化学肥料 ②有机肥 2）追肥 ①土壤追肥 ②根外追肥	（1）方法：讲授法、演示法 （2）重点：基肥和追肥	2

续表

2.1.5 二级/技师职业技能培训要求				2.2.5 二级/技师职业技能培训课程规范			
职业功能模块（模块）	培训内容（课程）	技能目标	培训细目	学习单元	课程内容	培训建议	课堂学时
2. 田间管理	2-1 肥水管理	2-1-1 能根据主要作物的各种缺素及营养过剩症状，制定相应的调节措施	（2）制定作物营养调节措施	（2）土壤肥料及灌溉	3）灌溉 ①灌溉量 ②灌溉方法 ③灌溉注意事项	（3）难点：灌溉方法的确定	
		2-1-2 能根据主要作物的长势、长相，制定相应的肥水管理措施	（1）判断作物长势、长相 （2）制定肥水管理措施	（3）作物各生育时期的看苗诊断和肥水管理	1）水稻各生育时期的看苗诊断和肥水管理 ①分蘖期 ②长穗期 ③结实期 2）玉米各生育时期的看苗诊断和肥水管理 ①苗期 ②穗期 ③花粒期 3）小麦各生育时期的看苗诊断和肥水管理 ①苗期 ②中期 ③后期 4）大豆各生育时期的看苗诊断和肥水管理 ①幼苗分枝期 ②开花结荚期 ③花粒期 5）棉花各生育时期的看苗诊断和肥水管理 ①苗期 ②蕾期 ③花铃期	（1）方法：讲授法、演示法 （2）重点与难点：作物看苗诊断和肥水管理	2
		2-1-3 能制订节水灌溉方案	制订节水灌溉方案	（4）作物节水灌溉技术与抗旱栽培技术	1）节水灌溉技术 ①改进地面灌溉技术 ②现代喷灌技术 ③科学滴灌技术 ④膜下滴灌技术	（1）方法：讲授法、案例教学法、演示法	2

续表

2.1.5 二级/技师职业技能培训要求				2.2.5 二级/技师职业技能培训课程规范			
职业功能模块（模块）	培训内容（课程）	技能目标	培训细目	学习单元	课程内容	培训建议	课堂学时
2．田间管理	2-1 肥水管理	2-1-3 能制订节水灌溉方案	制订节水灌溉方案	（4）作物节水灌溉技术与抗旱栽培技术	2）抗旱栽培技术 ①测土配方施肥 ②地膜覆盖栽培 ③保水剂应用 ④化学调控抗旱	（2）重点：节水灌溉技术 （3）难点：抗旱栽培技术	
		2-1-4 能依据土壤测试结果，制订施肥方案	依据土壤测试结果制订施肥方案	（5）土壤基础知识	1）土壤概念与土壤肥力 ①土壤概念 ②土壤肥力质量概念	（1）方法：讲授法、讨论法 （2）重点：土壤耕作技术 （3）难点：土壤肥力质量指标体系	2
					2）土壤肥力质量指标体系 ①土壤物理性质 ②土壤化学性质 ③土壤有机质 ④土壤养分		
					3）土壤耕作技术 ①土壤基本耕作技术要求 ②表土耕作技术 ③免耕技术		
				（6）施肥方案的制订	1）作物合理施肥技术 ①有机肥和无机肥相结合 ②氮肥、磷肥、钾肥相结合 ③大量营养元素与微量营养元素相结合 ④基肥、种肥、追肥相结合	（1）方法：讲授法、案例教学法、讨论法 （2）重点：肥料特性和作物合理施肥技术 （3）难点：作物合理施肥技术	2
					2）肥料种类与特性 ①化学肥料 ②有机肥料 ③生物肥料 ④绿肥		

续表

2.1.5 二级/技师职业技能培训要求				2.2.5 二级/技师职业技能培训课程规范			
职业功能模块（模块）	培训内容（课程）	技能目标	培训细目	学习单元	课程内容	培训建议	课堂学时
2. 田间管理	2-2 植株管理	能根据作物生育特性及阶段生长特点制订调控方案	制订作物生长发育调控方案	作物生长发育基本特性及调控技术	1) 作物生长发育特性 ①作物生长发育概念与过程 ②作物温光反应特性 ③作物生长发育的相关关系 ④作物生长发育与环境条件的关系	(1) 方法：讲授法、讨论法、演示法 (2) 重点：作物生长发育特性 (3) 难点：作物生长发育调控技术	4
					2) 作物生长发育调控技术 ①作物生长发育调控原则 ②作物营养生长的调控 ③作物生殖生长的调控		
	2-3 病虫草鼠害防治	能对主要病虫草鼠害发生期和发生量进行调查，汇总分析	(1) 调查病虫草鼠害发生期和发生量	(1) 常见作物病虫害发生规律与特征	1) 作物病理学基本理论与防治 ①真菌病害 ②细菌病害 ③病毒病害 ④线虫病害 ⑤作物病害综合防治 2) 作物昆虫学基本理论与防治 ①昆虫形态解剖学 ②昆虫生态学 ③昆虫对作物的危害 ④虫害综合防治	(1) 方法：讲授法、讨论法、演示法、实训（练习）法、辅助视频法 (2) 重点与难点：作物病虫害综合防治	2
				(2) 常见作物杂草和鼠害发生规律与特征	1) 作物杂草学基本理论与防治 ①杂草生物学和生态学特性 ②常见杂草的分类 ③杂草综合防治方法	(1) 方法：讲授法、讨论法、演示法、实训（练习）法、辅助视频法	2

二级／技师职业技能培训要求与课程规范对照表

续表

2.1.5 二级／技师职业技能培训要求				2.2.5 二级／技师职业技能培训课程规范			
职业功能模块（模块）	培训内容（课程）	技能目标	培训细目	学习单元	课程内容	培训建议	课堂学时
2．田间管理	2-3 病虫草鼠害防治	能对主要病虫草鼠害发生期和发生量进行调查，汇总分析	(2) 分析病虫草鼠害发生情况	(2) 常见作物杂草和鼠害发生规律与特征	2) 作物鼠害防治 ①作物常见鼠害 ②灭鼠时期的选择 ③鼠害防治方法	(2) 重点与难点：作物草鼠害综合防治	1
				(3) 病虫草鼠害的调查与统计	1) 统计抽样 ①样本选择 ②抽样方法 ③调查方法	(1) 方法：讲授法 (2) 重点：统计抽样 (3) 难点：调查统计分析	
					2) 调查统计分析 ①病虫害统计分析 ②草害统计分析 ③鼠害统计分析		
3．技术管理	3-1 编制生产计划	3-1-1 能根据作物生产特点及环境条件制订轮作方案	制订作物轮作方案	(1) 作物生态学基本过程及轮作	1) 作物生长发育与光照的关系 ①光强对作物生长发育的作用机理与应用 ②光周期对作物生长发育的作用机理与应用 ③光质对作物生长发育的作用机理与应用	(1) 方法：讲授法、讨论法、案例教学法 (2) 重点：作物生长发育与各环境条件的关系	5
					2) 作物生长发育与温度的关系 ①作物生长发育的温度要求 ②极端温度条件对作物生长发育的影响与调控		
					3) 作物生长发育与水分的关系 ①水分对作物生长发育的作用机理 ②作物需水动态规律 ③作物对水分逆境的适应和调控 ④提高作物水分利用效率		

附录

续表

2.1.5 二级/技师职业技能培训要求				2.2.5 二级/技师职业技能培训课程规范			
职业功能模块（模块）	培训内容（课程）	技能目标	培训细目	学习单元	课程内容	培训建议	课堂学时
3. 技术管理	3-1 编制生产计划	3-1-1 能根据作物生产特点及环境条件制订轮作方案	制订作物轮作方案	（1）作物生态学基本过程及轮作	4）作物生长发育与土壤养分的关系 ①常见肥料类型对作物生长发育的作用 ②营养胁迫对作物生长发育的影响与调控 ③提高肥料利用效率的技术措施	（3）难点：轮作	
					5）轮作 ①概念及作用 ②轮作的类型 ③轮作方案的制订		
		3-1-2 能依据主要作物特性进行合理布局，制订生产计划	（1）划分作物生态适应性类型	（2）生态因素及作物的生态适应性	1）生态因素对作物的作用 ①作用机制 ②限制方式	（1）方法：讲授法 （2）重点：生态因素的作用机制与限制方式 （3）难点：作物的生态适应性	2
					2）作物的生态适应性 ①定义 ②生态型 ③生活型		
				（3）农业生产和气象因素的关系及土壤类型和分布	1）农业生产和气象因素的关系 ①光照与农业生产的关系 ②温度和太阳辐射与农业生产的关系 ③大气水分与农业生产的关系 ④风与农业生产的关系	（1）方法：讲授法、讨论法、案例教学法 （2）重点：农业生产和气象因素的关系 （3）难点：主要土壤类型的理化性质与肥力质量	2
					2）我国土壤类型和分布特征 ①土壤类型划分 ②主要土壤类型的理化性质与肥力质量 ③我国主要土壤类型垂直与水平分布规律		

续表

2.1.5 二级/技师职业技能培训要求				2.2.5 二级/技师职业技能培训课程规范			
职业功能模块（模块）	培训内容（课程）	技能目标	培训细目	学习单元	课程内容	培训建议	课堂学时
3．技术管理	3-1 编制生产计划	3-1-2 能依据主要作物特性进行合理布局，制订生产计划	（2）编制作物生产计划	（4）农业经营管理理论与实践	1）农业生产经营组织与经营方式 ①经营组织 ②经营方式 2）农产品质量与营销管理 ①农产品质量 ②营销管理 3）农业生产资源的利用与管理 ①农业生产资源利用 ②农业生产资源管理 4）农业产业化经营 5）农业生产经营的相关法律	（1）方法：讲授法、讨论法、案例教学法 （2）重点：农产品质量与营销管理、农业生产资源的利用与管理 （3）难点：农业生产资源的利用与管理	3
		3-1-3 能制订农资采购计划	制订农资采购计划	（5）农业生产计划的制订及物资准备	1）制订农业生产计划的意义、原则 ①制订农业生产计划的意义 ②制订农业生产计划的原则 2）生产计划的制订 ①生产计划的基本内容 ②生产计划的形式 ③生产计划的写法 3）生产物资的准备 ①种子准备 ②肥料准备 ③生产工具准备 ④农药准备	（1）方法：讲授法、案例教学法、实训（练习）法 （2）重点：生产计划的制订和生产物资的准备 （3）难点：生产计划的制订	2

续表

2.1.5 二级/技师职业技能培训要求				2.2.5 二级/技师职业技能培训课程规范			
职业功能模块（模块）	培训内容（课程）	技能目标	培训细目	学习单元	课程内容	培训建议	课堂学时
3．技术管理	3-2 技术评估	3-2-1 能评估技术措施应用效果	评估技术措施应用效果	农业技术评估方法及综合评价方法	1）与农业相关的常用技术评估方法 ①经济技术分析法 ②运筹学评价法 ③农业环境评价法	（1）方法：讲授法、讨论法、案例教学法 （2）重点：农业环境评价法及综合评价方法在农业生产中的应用、技术措施改进方案制订 （3）难点：与农业相关的运筹学评价法	2
		3-2-2 能对技术措施存在的问题提出改进方案	提出技术措施改进方案		2）综合评价方法及其应用 ①不同技术评估方法的有机组合 ②综合评价方法在农业生产中的应用		
					3）技术措施改进方案制订		
	3-3 信息管理	能采集、整理和应用相关农业信息	（1）采集相关农业信息 （2）整理相关农业信息 （3）应用相关农业信息	计算机应用、网络基础及农业信息管理	1）计算机在农业中的应用 ①农业自动化管理 ②农业科学的数据处理 ③农业生产的计算机模型与模拟技术 ④农业计算机专家系统	（1）方法：讲授法、辅助视频法 （2）重点：农业自动化管理以及农业信息的处理 （3）难点：农业生产的计算机模型与模拟技术	2
					2）网络基础及其在农业中的应用 ①计算机网络基础 ②农业生产网络与数据库的建立和使用 ③农业监测控制技术		
					3）农业信息管理 ①农业信息的收集 ②农业信息的处理 ③农业信息的服务		

续表

2.1.5 二级/技师职业技能培训要求					2.2.5 二级/技师职业技能培训课程规范			
职业功能模块（模块）	培训内容（课程）	技能目标	培训细目	学习单元	课程内容	培训建议	课堂学时
3. 技术管理	3-4 技术开发与总结	3-4-1 能有计划地引进、试验、示范、推广新品种，应用新材料、新技术	（1）有计划地引进、试验、示范、推广新品种	（1）田间试验设计与生物统计	1）田间试验设计 ①完全随机试验设计 ②随机区组试验设计 ③裂区试验设计 2）生物统计基础与常用方法 ①概率论基础 ②假设检验 ③方差分析 ④回归分析 ⑤协方差分析	（1）方法：讲授法、讨论法、案例教学法 （2）重点：田间试验设计及生物统计基础 （3）难点：生物统计基础与常用方法	4
				（2）试验方案的制订与实施	1）试验方案制订 ①试验项目选择 ②试验因素及水平确定 ③合理设定试验指标 ④遵循试验的唯一差异原则 2）试验实施 ①制订试验计划 ②试验地准备和区划 ③种子准备 ④播种 ⑤田间管理 ⑥田间观测记载 ⑦收获脱粒 3）试验总结	（1）方法：讲授法、讨论法、案例教学法 （2）重点：试验方案制订与试验实施 （3）难点：试验实施	2
				（3）成果示范与方法示范	1）成果示范 ①制订示范计划 ②确定示范地点 ③指导与服务 ④设置对照 ⑤观察记载	（1）方法：讲授法、案例教学法、实训（练习）法	2

续表

2.1.5 二级/技师职业技能培训要求				2.2.5 二级/技师职业技能培训课程规范			
职业功能模块（模块）	培训内容（课程）	技能目标	培训细目	学习单元	课程内容	培训建议	课堂学时
3. 技术管理	3-4 技术开发与总结	3-4-1 能有计划地引进、试验、示范、推广新品种，应用新材料、新技术	(2) 应用新材料、新技术	(3) 成果示范与方法示范	2) 方法示范 ①制订示范计划 ②确定示范内容 ③组织示范 ④实施示范 ⑤方法示范总结	(2) 重点与难点：成果示范与方法示范	
				(4) 作物繁育技术	1) 作物的繁殖方式及其育种特点 ①作物的繁殖方式 ②不同繁殖方式作物的育种特点 2) 种质资源 ①种质资源概念 ②种质资源工作 3) 作物的遗传改良 ①作物品种概念与类型 ②作物遗传改良的任务 ③作物育种目标的内容及制定原则 4) 传统作物育种方法 ①引种 ②选择育种 ③杂交育种 ④杂种优势利用 ⑤远缘杂交育种与染色体工程 5) 现代育种技术 ①作物生物技术的概念及范畴 ②植物组织培养技术与细胞工程育种 ③植物转基因育种 ④分子设计、标记辅助选择与聚合育种 ⑤传统育种与现代育种的关系	(1) 方法：讲授法、讨论法、案例教学法 (2) 重点：作物的繁殖方式及其育种特点、传统作物育种方法 (3) 难点：现代育种技术	10

续表

2.1.5 二级/技师职业技能培训要求				2.2.5 二级/技师职业技能培训课程规范			
职业功能模块（模块）	培训内容（课程）	技能目标	培训细目	学习单元	课程内容	培训建议	课堂学时
3. 技术管理	3-4 技术开发与总结	3-4-2 能编写生产技术总结	编写生产技术总结	（5）农业实用技术推广及应用文写作	1）农业实用技术科普宣传与推广 ①农业实用技术科普材料的撰写 ②农业实用技术科普讲义制作 ③农业实用技术科普材料讲授 2）农业生产总结报告撰写 ①技术报告撰写 ②工作报告撰写 ③论文撰写	（1）方法：讲授法、讨论法、案例教学法、实训（练习）法 （2）重点：农业实用技术科普材料讲授 （3）难点：农业生产总结报告撰写	2
4. 培训指导	4-1 技术培训	能制订初级工、中级工、高级工培训计划与培训材料	（1）制订培训计划，并进行培训 （2）制定培训材料	初级工、中级工、高级工培训计划与培训材料准备	1）培训计划编制与培训 ①初级工培训计划编制 ②中级工培训计划编制 ③高级工培训计划编制 ④培训技能训练 2）培训材料制定 ①初级工培训材料的制定 ②中级工培训材料的制定 ③高级工培训材料的制定	（1）方法：讲授法、讨论法、案例教学法、实训（练习）法 （2）重点：培训计划编制与培训、培训材料制定 （3）难点：初级工、中级工、高级工培训	2
	4-2 技术示范	能对初级工、中级工、高级工在各生产环节进行实验示范和指导	根据各生产环节进行实验示范和指导	农业生产技术示范基地管理及生产技术指导	1）农业生产技术示范基地管理 ①示范基地初级管理 ②示范基地中级管理 ③示范基地高级管理 2）农业生产技术指导 ①初级工生产技术指导	（1）方法：讲授法、案例教学法 （2）重点：农业生产技术示范基地管理	2

续表

2.1.5 二级/技师职业技能培训要求				2.2.5 二级/技师职业技能培训课程规范			
职业功能模块（模块）	培训内容（课程）	技能目标	培训细目	学习单元	课程内容	培训建议	课堂学时
4.培训指导	4-2 技术示范	能对初级工、中级工、高级工在各生产环节进行实验示范和指导	根据各生产环节进行实验示范和指导	农业生产技术示范基地管理及生产技术指导	②中级工生产技术指导 ③高级工生产技术指导	（3）难点：农业生产技术指导	
课堂学时合计							75

附录6 一级/高级技师职业技能培训要求与课程规范对照表

2.1.6 一级/高级技师职业技能培训要求				2.2.6 一级/高级技师职业技能培训课程规范			
职业功能模块（模块）	培训内容（课程）	技能目标	培训细目	学习单元	课程内容	培训建议	课堂学时
1.田间管理	1-1 肥水管理	1-1-1 能依据作物的种类和品种特性及肥水需求规律，制订相应的肥水管理方案	（1）分析作物代谢的生理生化状态	（1）植物细胞与生物大分子基础知识	1）植物细胞及其组分 ①细胞与生物分子 ②细胞壁与生物膜 ③植物细胞的亚微结构 2）植物生物大分子 ①糖类 ②脂类 ③核酸 ④蛋白质 3）生命催化剂——酶 ①酶的概述 ②酶作用的特点 ③酶的组成与作用机理 ④酶促反应的动力学 4）植物细胞的功能 ①植物细胞原生质的性质	（1）方法：讲授法、讨论法、辅助视频法 （2）重点：植物细胞及其组分、植物生物大分子及植物细胞的功能	4

一级／高级技师职业技能培训要求与课程规范对照表

续表

2.1.6 一级／高级技师职业技能培训要求				2.2.6 一级／高级技师职业技能培训课程规范			
职业功能模块（模块）	培训内容（课程）	技能目标	培训细目	学习单元	课程内容	培训建议	课堂学时
1．田间管理	1-1 肥水管理	1-1-1 能依据作物的种类和品种特性及肥水需求规律，制订相应的肥水管理方案	（2）分析作物发育的生理生化状态	（1）植物细胞与生物大分子基础知识	②植物细胞的阶段性与全能性 ③植物细胞的基因表达与功能的统一	（3）难点：生命催化剂——酶	8
				（2）作物代谢的生理生化	1）作物水分代谢 ①作物对水分的需要 ②细胞对水分的吸收与运转 ③根系吸水与水分向上运输 ④蒸腾作用 ⑤水分平衡与合理灌溉	（1）方法：讲授法、讨论法、辅助视频法 （2）重点：作物水分代谢、作物的矿质和氮素营养、光合作用、呼吸作用	
					2）作物的矿质和氮素营养 ①作物体内的必需元素 ②作物细胞对矿质元素的吸收 ③作物对矿质元素的吸收和利用 ④矿质营养与合理施肥		
					3）光合作用 ①光合作用的概念及意义 ②叶绿体及光合色素 ③作物对光能的吸收与转换 ④光合碳同化 ⑤光能利用率及其影响因素		
					4）呼吸作用 ①呼吸作用概述 ②呼吸底物的氧化途径 ③电子传递与氧化磷酸化		

附录

续表

2.1.6 一级/高级技师职业技能培训要求				2.2.6 一级/高级技师职业技能培训课程规范			
职业功能模块（模块）	培训内容（课程）	技能目标	培训细目	学习单元	课程内容	培训建议	课堂学时
1. 田间管理	1-1 肥水管理	1-1-1 能依据作物的种类和品种特性及肥水需求规律，制订相应的肥水管理方案	(3) 制订相应的肥水管理方案	(2) 作物代谢的生理生化	④呼吸作用的影响因素与生产实践 5) 有机物的转化、运输与分配 ①作物体内有机物的转化 ②有机物运输的途径与机理 ③有机物的分配与调节	(3) 难点：有机物的转化、运输与分配	
				(3) 作物发育的生理生化	1) 作物生长和运动 ①作物生长与分化 ②生长分析与作物运动 ③种子萌发与幼苗生长 ④作物生长相关性 2) 作物的生殖生理 ①作物的营养生长与生殖生长 ②春化作用 ③光周期现象 ④花芽分化与受精生理 3) 作物的成熟和衰老 ①种子发育成熟的生理生化 ②作物的休眠 ③果实成熟的生理生化 ④作物的衰老 ⑤作物器官的脱落	(1) 方法：讲授法、讨论法、辅助视频法 (2) 重点：作物的生殖生理、作物的成熟和衰老 (3) 难点：作物生长相关性	4
				(4) 测土配方施肥	1) 测土配方施肥实施规范 ①肥料效应田间试验	(1) 方法：讲授法、讨论法、辅助视频法	4

一级／高级技师职业技能培训要求与课程规范对照表

续表

2.1.6 一级/高级技师职业技能培训要求				2.2.6 一级/高级技师职业技能培训课程规范			
职业功能模块（模块）	培训内容（课程）	技能目标	培训细目	学习单元	课程内容	培训建议	课堂学时
1．田间管理	1-1 肥水管理	1-1-1 能依据作物的种类和品种特性及肥水需求规律，制订相应的肥水管理方案	（3）制订相应的肥水管理方案	（4）测土配方施肥	②土壤样品分析 ③作物样品分析 ④肥料配方设计 ⑤配方肥料合理施用 2）基于计算机的施肥决策 ①计算机决策施肥原理 ②计算机决策施肥实施步骤	（2）重点：配方肥料合理施用及计算机决策施肥实施步骤 （3）难点：肥料效应田间试验及计算机决策施肥原理	
		1-1-2 能根据作物需求和生态环境优化节水灌溉措施	优化节水灌溉措施	（5）作物需水规律以及与环境的关系	1）作物需水规律 ①水分对作物生长发育的作用 ②作物不同物候期对水分的需要量变化 ③作物生长发育的需水临界期 2）作物需水与环境因素的关系 ①土壤条件 ②气象条件 ③田间管理措施	（1）方法：讲授法、讨论法、案例教学法 （2）重点：作物需水规律 （3）难点：作物需水与环境因素的关系	2
	1-2 病虫草鼠害防治	1-2-1 能识别检疫性病虫草害	识别检疫性病虫草害	作物病虫草鼠害预测预报及综合防治	1）作物病虫草鼠害预测预报 ①作物病虫草鼠害预测预报基础 ②作物常见病虫草鼠害田间调查方法 2）作物病虫草鼠害综合防治 ①农业经营措施 ②物理防治 ③生物防治 ④化学防治 ⑤植物检疫防治	（1）方法：讲授法、讨论法、案例教学法 （2）重点：作物病虫草鼠害预测预报 （3）难点：作物病虫草鼠害综合防治	2
		1-2-2 能应用预测预报数据制订综合防治方案	制订病虫草鼠害综合防治方案				

附录

续表

2.1.6 一级/高级技师职业技能培训要求				2.2.6 一级/高级技师职业技能培训课程规范			
职业功能模块（模块）	培训内容（课程）	技能目标	培训细目	学习单元	课程内容	培训建议	课堂学时
1. 田间管理	1-3 中低产田改良	1-3-1 能应用土壤化验数据分析低产原因	综合分析影响作物产量的土壤限制因素	（1）土壤化验与分析	1）土壤化验 ①物理性质 ②化学性质 2）土壤肥力质量指标与评价 ①描述性指标 ②分析性指标 ③作物产量指标 ④生态过程指标 ⑤作物高产的土壤限制因素分析	（1）方法：讲授法、讨论法 （2）重点：土壤肥力质量指标与评价 （3）难点：作物高产的土壤限制因素分析	2
		1-3-2 能制定有效的土壤改良措施	制定有效的土壤改良措施	（2）土壤改良方法	1）物理改良技术 2）化学改良技术 3）生物改良技术	（1）方法：讲授法、讨论法 （2）重点：化学改良技术和生物改良技术 （3）难点：生物改良技术	2
	1-4 自然灾害补救	1-4-1 能制定自然灾害预防措施	制定自然灾害预防措施	（1）常见自然灾害及其预防技术	1）灾害发生规律与特征 ①地质灾害发生规律与特征 ②气象灾害发生规律与特征 ③生物生态灾害发生规律与特征 2）常见灾情调查方法 ①地质灾害的调查方法 ②气象灾害的调查方法 ③生物生态灾害的调查方法 3）自然灾害及其预防技术 ①地质灾害及其预防技术 ②气象灾害及其预防技术 ③生物生态灾害及其预防技术	（1）方法：讲授法、案例教学法、辅助视频法 （2）重点：常见灾情调查方法、地质和气象灾害及其预防技术 （3）难点：生物生态灾害及其预防技术	3
		1-4-2 能调查受灾情况	调查常见灾情				

续表

2.1.6 一级/高级技师职业技能培训要求				2.2.6 一级/高级技师职业技能培训课程规范			
职业功能模块（模块）	培训内容（课程）	技能目标	培训细目	学习单元	课程内容	培训建议	课堂学时
1. 田间管理	1-4 自然灾害补救	1-4-3 能鉴定农业生产灾害，制订补救方案	（1）鉴定农业生产灾害 （2）制订农业生产灾害补救方案	（2）灾害性天气及其补救措施	1）灾害性天气发生规律与特征 ①寒潮和霜冻发生规律与特征 ②低温冷害发生规律与特征 ③冰雹发生规律与特征 ④干热风和干旱发生规律与特征 ⑤洪涝发生规律与特征	（1）方法：讲授法、案例教学法、辅助视频法 （2）重点：灾害性天气发生规律与特征 （3）难点：灾害性天气补救措施	2
					2）灾害性天气补救措施 ①寒潮和霜冻补救措施 ②低温冷害补救措施 ③冰雹补救措施 ④干热风和干旱补救措施 ⑤洪涝补救措施		
2. 技术管理	2-1 编制生产计划	2-1-1 能及时了解主要农产品的市场信息，制订作物种植结构方案	（1）农产品市场预测 （2）制订作物种植结构方案	（1）农产品市场前景预测及作物种植结构	1）农产品市场预测方法 ①调查分析法 ②经验估计法 ③统计分析法	（1）方法：讲授法、讨论法、案例教学法、实训（练习）法 （2）重点：作物种植结构方案制订及其市场前景分析 （3）难点：农产品市场预测方法	2
					2）作物种植结构 ①全国不同地区作物种植结构 ②作物种植结构方案制订及其市场前景分析		
		2-1-2 能根据国家标准，组织无公害、绿色、有机农产品的生产	（1）收集农产品质量安全标准	（2）农产品质量安全	1）农产品质量安全的有关概念 2）无公害农药安全使用 ①施药方法 ②安全使用原则	（1）方法：讲授法、案例教学法、演示法、讨论法	4

附录

续表

2.1.6 一级/高级技师职业技能培训要求				2.2.6 一级/高级技师职业技能培训课程规范			
职业功能模块（模块）	培训内容（课程）	技能目标	培训细目	学习单元	课程内容	培训建议	课堂学时
2. 技术管理	2-1 编制生产计划	2-1-2 能根据国家标准，组织无公害、绿色、有机农产品的生产	（2）组织无公害、绿色、有机农产品的生产	（2）农产品质量安全	3）农产品质量安全生产技术 ①农产品质量安全生产的影响因素与要求 ②无公害农产品安全生产技术 ③绿色农产品安全生产关键技术 ④有机农产品安全生产关键技术	（2）重点与难点：农产品质量安全生产技术	
		2-1-3 能根据国家计划、粮食安全要求，调整种植计划	调整种植计划	（3）优势农产品布局及农产品质量安全标准	1）符合国家计划的优势农产品布局 2）农产品质量安全标准 ①农产品产地 ②农产品生产 ③农产品包装与标识 3）农作物种植计划制订 ①目标与任务 ②建设地点与规模 ③主要建设内容 ④工作技术措施	（1）方法：讲授法、讨论法、案例教学法、情景模拟法 （2）重点：农作物种植计划制订 （3）难点：符合国家计划的优势农产品布局	2
	2-2 技术开发与总结	2-2-1 能根据生产中存在的问题，开展试验研究与技术创新	开展试验研究与技术创新	（1）作物试验研究	1）作物试验方法 ①田间试验法 ②室内培养试验法 2）作物研究方法 ①统计分析 ②调查研究 ③模型预测与分析	（1）方法：讲授法、案例教学法 （2）重点：田间试验法 （3）难点：模型预测与分析	2
		2-2-2 能指导农作物的良种繁育	指导农作物的良种繁育	（2）作物品种提纯复壮与作物杂交制种	1）作物品种提纯复壮	（1）方法：讲授法、案例教学法	2

一级／高级技师职业技能培训要求与课程规范对照表

续表

2.1.6 一级/高级技师职业技能培训要求				2.2.6 一级/高级技师职业技能培训课程规范			
职业功能模块（模块）	培训内容（课程）	技能目标	培训细目	学习单元	课程内容	培训建议	课堂学时
2. 技术管理	2-2 技术开发与总结	2-2-2 能指导农作物的良种繁育	指导农作物的良种繁育	（2）作物品种提纯复壮与作物杂交制种	2）作物杂交制种 ①种内杂交 ②远缘杂交	（2）重点与难点：作物品种提纯复壮及杂交制种	
		2-2-3 能针对相关专题撰写论文	撰写相关专题论文	（3）常见学术论文撰写方法	1）综述类论文的撰写 ①引言 ②正文 ③总结 ④参考文献	（1）方法：讲授法、讨论法、案例教学法、实训（练习）法 （2）重点：试验类论文的撰写 （3）难点：综述类论文的撰写	2
					2）试验类论文的撰写 ①前言 ②材料与方法 ③结果与分析 ④讨论与结论 ⑤参考文献		
3. 培训指导	3-1 技术培训	3-1-1 能编制高级工和技师培训计划，并能进行培训	（1）制订高级工和技师培训计划 （2）培训高级工和技师	（1）高级工和技师培训计划的编制与培训方法	1）高级工培训计划编制与培训方法 ①高级工培训计划编制 ②高级工培训方法	（1）方法：讲授法、讨论法、案例教学法 （2）重点：培训方法 （3）难点：培训计划编制	2
					2）技师培训计划编制与培训方法 ①技师培训计划编制 ②技师培训方法		
		3-1-2 能准备高级工和技师培训资料、实验用材	准备培训资料、实验用材	（2）高级工和技师培训资料、实验用材的准备	1）高级工培训资料的编制与实验用材的准备 ①高级工培训资料的编制 ②高级工实验用材的准备	（1）方法：讲授法、讨论法、案例教学法	2
					2）技师培训资料的编制与实验用材的准备		

附录

续表

2.1.6 一级/高级技师职业技能培训要求				2.2.6 一级/高级技师职业技能培训课程规范			
职业功能模块（模块）	培训内容（课程）	技能目标	培训细目	学习单元	课程内容	培训建议	课堂学时
3. 培训指导	3-1 技术培训	3-1-2 能准备高级工和技师培训资料、实验用材	准备培训资料、实验用材	(2) 高级工和技师培训资料、实验用材的准备	①技师培训资料的编制 ②技师实验用材的准备	(2) 重点与难点：培训资料的编制与实验用材的准备	
	3-2 技术指导	能对技师进行实验示范和实训示范	对技师进行实验示范和实训示范	作物生产实验及实训示范方法	1) 作物生产实验示范方法 ①生产实验设计方法 ②生产实验统计方法 2) 作物生产技术实训示范方法 ①良种繁育技术实训示范 ②种植制度技术实训示范 ③土壤耕作技术实训示范 ④大田管理技术实训示范 ⑤作物病虫害观察防治技术实训示范	(1) 方法：讲授法、讨论法、情景模拟法 (2) 重点：生产实验设计方法 (3) 难点：作物生产技术实训示范方法	4
课堂学时合计							55